Subhra Das

Amortecedores líquidos sintonizados e sua aplicação no controlo de vibrações

Subhra Das

Amortecedores líquidos sintonizados e sua aplicação no controlo de vibrações

ScienciaScripts

Imprint

Cover image: www.ingimage.com

This book is a translation from the original published under ISBN 978-3-330-35195-0.

Publisher:
Sciencia Scripts
is a trademark of
Dodo Books Indian Ocean Ltd. and OmniScriptum S.R.L publishing group

120 High Road, East Finchley, London, N2 9ED, United Kingdom
Str. Armeneasca 28/1, office 1, Chisinau MD-2012, Republic of Moldova, Europe
Managing Directors: Ieva Konstantinova, Victoria Ursu
info@omniscriptum.com

Printed at: see last page
ISBN: 978-620-8-51198-2

Conteúdo

Resumo

Os amortecedores de líquido sintonizado, vulgarmente conhecidos por TLD, são unidades de amortecimento suplementar que utilizam o derrame de líquido como fonte de amortecimento adicional. O TLD provou ser um dos dispositivos de amortecimento promissores devido à sua simplicidade, aspectos de utilização múltipla, fácil instalação, menor manutenção e economia. No presente estudo, o comportamento dinâmico de vários tipos de TLD disponíveis e de novos tipos de TLD propostos foi estudado parametricamente. O tipo de reservatório inclui geometrias de fundo plano, em forma de V, em forma de W e em forma de U. geometrias em forma de U. Foi também efectuado um estudo com um TLD de densidade variável. O atuador dinâmico foi equipado com uma mesa de agitação fabricada para aplicar o movimento de excitação no TLD. O fenómeno de sloshing foi captado através de uma câmara de vídeo.

No que diz respeito à aplicação, foi criado um modelo de edifício com estrutura RC de 3 andares à escala de 1/4 e as suas propriedades dinâmicas foram estudadas com e sem TLDs. Foi efectuado um estudo no modelo de edifício SAP com o software SAP2000, sem e com enchimento, e sem e com efeito TLD. Neste caso, o TLD foi modelado como um TMD equivalente.

Com base no estudo paramétrico, verificou-se que os TLDs podem oferecer um bom efeito de amortecimento através do sloshing. Observou-se que o tanque em forma de U, que é um novo tipo de TLD proposto, com líquido de densidade variável, foi o TLD mais eficiente entre os TLDs estudados neste trabalho. Este tanque tem maior força de sloshing com alturas de água mais elevadas, o que, por sua vez, é útil para absorver mais energia. O problema de batimento, que é comum nos TLDs, também foi reduzido pelo fundo em forma de U com líquido de densidade variável.

Conseguiu-se uma redução significativa da resposta estrutural com uma *relação altura/comprimento* adequada do TLD. Observou-se que, mesmo com uma ligeira desafinação, o TLD é eficaz na redução das reacções estruturais. Verificou-se que o TLD com líquido de densidade variável é mais eficaz para atenuar a resposta do edifício do que o TLD com água pura.

Foi observada uma redução considerável do deslocamento máximo na presença de enchimento e de TLDs. Ao validar o facto de se poderem obter melhores desempenhos quando se considera o efeito do enchimento.

CAPÍTULO 1

INTRODUÇÃO

1.1 GERAL

Desde a antiguidade que os terramotos têm causado danos catastróficos à civilização, com grandes prejuízos para a vida humana e para a propriedade, e têm conduzido muitas vezes a crises económicas. A atenuação dos danos causados pelos sismos é hoje em dia um requisito fundamental para os projectistas. O sismo induz uma força adicional na estrutura devido ao efeito de inércia. Devido às limitações inerentes à estrutura para atenuar essas forças, tem-se tentado incluir dispositivos de amortecimento adicionais no sistema, de modo a dissipar uma parte da energia e reduzir o efeito prejudicial na estrutura. A incorporação de sistemas de proteção sísmica como os amortecedores activos ou o isolamento da base nas estruturas revelou-se dispendiosa. Pelo contrário, os amortecedores passivos parecem ser soluções simples e económicas.

No projeto convencional de edifícios, os pórticos são elementos de suporte de carga básica e as paredes de cisalhamento são elementos de suporte de carga lateral, mas a presença de enchimento de alvenaria não reforçada (URM) é geralmente ignorada. Os efeitos de tais paredes de enchimento são significativos, o que requer investigação.

A presente dissertação aborda o amortecedor de líquido sintonizado (TLD), que é um tipo de amortecedor passivo. O estudo inclui o estudo paramétrico dos TLDs disponíveis para identificar o efeito dos parâmetros, a investigação de novos TLDs e o estudo da redução da resposta de um edifício modelo com TLD, como estrutura nua e com enchimento.

1.2 AVALIAÇÃO DO DESEMPENHO DE DISPOSITIVOS DE AMORTECIMENTO

O desempenho do amortecedor é medido pela sua capacidade de reduzir eficazmente os movimentos estruturais indesejados utilizando mecanismos robustos. A eficácia do amortecedor pode ser avaliada de várias formas, incluindo uma ou mais das seguintes:

- Redução do pico de deslocação e aceleração estrutural.
- Aumento do amortecimento efetivo do sistema combinado quando o sistema principal é acoplado ao amortecedor, que é tratado como um sistema combinado de grau único de liberdade.
- Aumento da dissipação de energia por ciclo num sistema com um dispositivo de amortecimento.

1.3 SISTEMAS DE PROTECÇÃO SÍSMICA

Os sistemas de proteção sísmica podem ser de vários tipos. O quadro 1.1 apresenta uma breve tabulação dos vários tipos de sistemas de amortecimento

1.3.1 SISTEMAS CONVENCIONAIS

A dissipação de energia por histerese inelástica tem sido o conceito tradicional para os sistemas de proteção sísmica. Este mecanismo pode ser alcançado através de articulações plásticas de vigas ou paredes, por cedência em tração ou encurvadura em compressão ou através de articulações de corte de elementos de aço.

1.3.2 SISTEMAS DE ISOLAMENTO

Os sistemas de isolamento são também um sistema de proteção sísmica, que são geralmente colocados entre a fundação e os elementos de base do edifício ou entre o tabuleiro e o cais das pontes. Estes sistemas são concebidos para terem uma menor rigidez lateral em relação à estrutura principal, a fim de absorverem a energia sísmica. Os dispositivos de amortecimento suplementares também podem ser ligados aos sistemas de isolamento para reduzir o deslocamento da estrutura isolada como um todo.

1.3.3 SISTEMAS DE AMORTECIMENTO SUPLEMENTARES

O sistema de amortecimento suplementar pode ser classificado em três grupos: sistemas passivos, activos e semi-activos. Estes dispositivos de amortecimento são activados durante o movimento da estrutura e reduzem assim o deslocamento estrutural dissipando a energia através de diferentes mecanismos.

QUADRO 1.1 SISTEMAS DE PROTECÇÃO SÍSMICA

Sistema convencional	Sistemas de isolamento	Sistemas de amortecimento suplementares			
			Amortecedor passivo		Amortecedores activos/semi-activos
Plástico de flexão Dobradiças Plástico de corte Dobradiças Braçadeiras de cedência	Elastomérico Borracha de chumbo Amortecimento elevado Borracha Metálico Extrusão de chumbo Atrito Pêndulo	Amortecedores metálicos activados por deslocamento Amortecedores de fricção Amortecedores viscoelásticos	Amortecedores viscosos activados por velocidade Amortecedores viscosos	Massa sintonizada activada por movimento Amortecedor Líquido sintonizado Amortecedor	Aparelhos ortodônticos Massa sintonizada Líquido sintonizado Amortecimento variável Variável Rigidez Piezoelétrico

1.3.3.1 SISTEMAS PASSIVOS

Os sistemas passivos são um dos sistemas de amortecimento mais eficientes do ponto de vista energético, uma vez que não requerem qualquer energia externa para o seu funcionamento. As suas propriedades são constantes durante o movimento sísmico da estrutura e não podem ser modificadas. Os dispositivos de controlo passivos são populares devido à sua eficiência de funcionamento, robustez e até rentabilidade, pelo que são amplamente utilizados em estruturas de engenharia civil. As categorias importantes dos sistemas de dissipação de energia passiva são descritas de seguida.

1.3.3.1.1 SISTEMAS ACTIVADOS POR DESLOCAÇÃO

Os amortecedores activados por deslocamento absorvem a energia através do deslocamento relativo entre os pontos que ligam à estrutura. Estes sistemas são independentes da frequência do movimento e mantêm-se em fase com as forças internas máximas geradas no final de cada ciclo de vibração correspondente à maior deformação da estrutura. Os amortecedores metálicos, os amortecedores de fricção e os amortecedores auto-centrantes são os principais dispositivos deste grupo.

1.3.3.1.2 SISTEMAS ACTIVADOS POR VELOCIDADE

Os amortecedores activados por velocidade absorvem energia através da velocidade relativa entre os seus pontos de ligação. Ao contrário dos sistemas activados por deslocamento, os sistemas activados por velocidade dependem geralmente da frequência do movimento e estão fora de fase com as forças internas máximas geradas no final de cada ciclo de vibração correspondente à maior deformação na estrutura. Isto provoca um nível mais baixo de forças de projeto para os elementos estruturais e fundações. Os amortecedores viscosos e visco-elásticos pertencem a esta categoria de sistemas.

1.3.3.1.3 AMORTECEDORES ACTIVADOS POR MOVIMENTO

Estes tipos de amortecedores são dispositivos secundários que absorvem a energia estrutural através do seu movimento. O princípio principal é o facto de estarem sintonizados para entrar em ressonância com a estrutura principal e estarem também fora de fase em relação a esta. Estes amortecedores absorvem a energia de entrada da estrutura e dissipam-na através da introdução de forças adicionais na estrutura, permitindo assim que a estrutura receba menos energia. Os amortecedores de massa sintonizada (TMD) e os amortecedores de líquido sintonizado (TLD) são exemplos desta categoria de sistemas de amortecimento.

1.3.3.2 SISTEMAS ACTIVOS E SISTEMAS SEMI-ACTIVOS

Os sistemas activos são sistemas que requerem fontes de energia externas para o seu funcionamento. Este sistema funciona com base num mecanismo que inclui um sistema de monitorização que recebe o estado da estrutura, processa a informação utilizando um sistema de aquisição de dados e, em seguida, o sistema de controlo que gera um conjunto de forças a aplicar com um atuador que seria necessário para estabilizar a estrutura nesse estado atual. Como já foi referido, este sistema requer energia contínua e a sua perda, que pode ocorrer durante um acontecimento catastrófico, pode tornar estes sistemas ineficazes.

Os sistemas semi-activos são semelhantes aos sistemas activos, exceto que, em comparação com os activos, necessitam de menos energia externa. Neste caso, em vez de fornecerem forças adicionais para estabilização, os sistemas semi-activos controlam as vibrações da estrutura através da modificação das propriedades estruturais. No entanto, a necessidade de uma fonte de energia externa também limitou a aplicação de sistemas semi-activos em aplicações estruturais.

- Para além de algumas vantagens únicas, todas estas técnicas têm as suas próprias limitações. No entanto, a utilização do TLD como conceito é relativamente recente. O recente e crescente interesse por estes amortecedores líquidos para aplicação em grandes estruturas tem sido associado às suas potenciais vantagens, tais como

1. Processo de instalação fácil, possível de instalar também em estruturas existentes.
2. Económica em comparação com outras soluções e manutenção e reparação mínimas.
3. Menos problemas mecânicos, uma vez que não existe qualquer peça móvel.
4. Capacidade de funcionar como amortecedor unidirecional e bidirecional.
5. Eficaz mesmo para vibrações de pequena amplitude.
6. Pode ser aplicado para controlar diferentes vibrações em sistemas MDOF com frequência variável.
7. A deslocação do piso, a deriva do piso e a aceleração estrutural podem ser reduzidas.
8. Os TLD podem também servir para armazenar água para piscinas e até para emergências de incêndio.

1.4 AMORTECEDOR DE LÍQUIDO SINTONIZADO

1.4.1 INTRODUÇÃO

Os amortecedores líquidos sintonizados ou TLD, como o próprio nome sugere, surgiram da sua utilização operacional, uma vez que são sintonizados para entrar em ressonância com a estrutura principal, fora de fase. Trata-se de um tipo de movimento ativado por um mecanismo passivo ou semi-ativo de um sistema de amortecimento suplementar que é ativado pelo movimento da estrutura e dissipa uma parte da energia sísmica estrutural de entrada através do seu movimento, introduzindo uma força inversa na força de excitação estrutural sem qualquer ajuda de uma fonte de energia externa.

1.4.2 ANTECEDENTES DOS TLD

O movimento de líquidos em recipientes rígidos tem sido objeto de muitos estudos devido à sua aplicação frequente em disciplinas de engenharia, por exemplo, desde a década de 1950, têm sido utilizados amortecedores de líquidos em tanques anti-rolamento para estabilizar embarcações marítimas contra movimentos de balanço e rolamento. Nos anos 60, o mesmo conceito foi utilizado como amortecedores de mutação para controlar o movimento oscilante de um satélite no espaço. No final da década de 1970, o TLD começou a ser utilizado na engenharia civil. Para reduzir o movimento estrutural, Vandiver e Mitome (1979) utilizaram o TLD para reduzir a vibração eólica de uma plataforma, Mei (1978) e Yamamoto *et al.* (1982) estudaram as interações estrutura-onda utilizando métodos numéricos. No início dos anos 80, parâmetros importantes como a altura do líquido, a massa, a frequência e o amortecimento de um TLD ligado a uma plataforma offshore propuseram a utilização de um recipiente retangular completamente cheio com dois líquidos imiscíveis para reduzir a resposta estrutural a uma carga dinâmica. Modi e Welt (1988), Modi e Seto (1997), Kareem & Sun (1987), Gardarsson (2001), Tamura e Fujii (1995), Sun e Fujino (1989), Sun e Fujino (1992), Samanta e Banerji (2010), Olson (2001) foram também os primeiros investigadores a sugerir diferentes tipos de TLD com diferentes propriedades de amortecedores utilizando o movimento de líquidos para estruturas de engenharia civil.

1.4.3 TLD NA APLICAÇÃO PRÁTICA

Os TLD foram aplicados em várias estruturas de engenharia civil e continuam a ser um sistema de amortecimento popular. A primeira instalação comercial de um TLD foi no Japão, no final da década de 1980. Desde então, muitos edifícios existentes que sofriam de problemas de vibração foram equipados com sistemas TLD, simplesmente ajustando os tanques de armazenamento de água existentes que já estavam a ser utilizados para fins de combate a incêndios. Devido ao objetivo geral de utilização como reservatórios de água, a ideia de utilizar fluidos mais viscosos do que a água, que surgiu devido ao espaço limitado, não ganhou muita importância.

A torre do aeroporto de Nagasaki, com 42 metros de altura, foi a primeira instalação de TLD numa estrutura terrestre real, em 1987 (Tamura *et al.* 1995). Outro caso bastante semelhante ao da torre do aeroporto de Nagasaki é o da torre da marinha de Yokohama e da torre do aeroporto internacional de Tokoyo, no Japão (Tamura *et al.* 1995). Uma série de TLD foi instalada no Shin Yokohama Prince Hotel em Yokohama, Japão.

Os dispositivos TLD instalados na estrutura de 77,6 m de altura da Torre do Aeroporto de Tóquio (Tamura *et al.* 1995) consistem em 1400 tanques cheios de água e partículas flutuantes de polietileno, que são adicionadas para aumentar a dissipação de energia.

Os amortecedores de líquido sintonizado também foram aplicados em pontes como a ponte

Ikuchi e as pontes Sakitama no Japão (Kaneko e Ishikawa 1999). Dois exemplos recentes de torres equipadas com TLDs são a One King West Tower em Toronto, Canadá, concluída em 2005, e a One Rincon Hill Tower em São Francisco, EUA, concluída em 2009. Ambas foram construídas com TLDs rectangulares e equipadas com telas para aumentar o amortecimento. A figura 3 mostra uma imagem gerada por computador do TLD na torre One Rincon Hill e a sua localização no topo do edifício.

FIGURA 1.1: TLD Localizado no topo do One Rincon Hill em São Francisco, este amortecedor de massa sintonizada líquida é um enorme tanque de armazenamento e está cheio de água - na capacidade máxima, aproximadamente 100.000 galões do material.

1.4.4 FUNCIONALIDADE E MECANISMO DO TLD

O mecanismo global dos TLDs no controlo das vibrações das estruturas baseia-se no princípio do sloshing do fluido e da quebra de onda. Este fenómeno ajuda a originar o amortecimento no amortecedor de líquido sintonizado, através da dissipação de energia pela ação da força viscosa interna do fluido e da rebentação das ondas. A quantidade de amortecimento induzida depende da amplitude do movimento do fluido no tanque e dos padrões de rebentação das ondas. O movimento no interior do TLD faz com que o fluido se espalhe para o lado da parede do tanque TLD, o que, por sua vez, produz uma força oposta na direção da excitação. Foi concebido para ter a mesma frequência natural da estrutura, de modo a que o movimento de sloshing do fluido no interior do TLD provocado pela excitação externa produza uma força de sloshing aproximadamente antifásica em relação ao movimento do edifício. Esta força de arrastamento, por sua vez, ajudará a estabilizar a resposta estrutural do edifício em termos de desvio do piso, resposta do piso, amplitude, deslocamentos do telhado, etc.

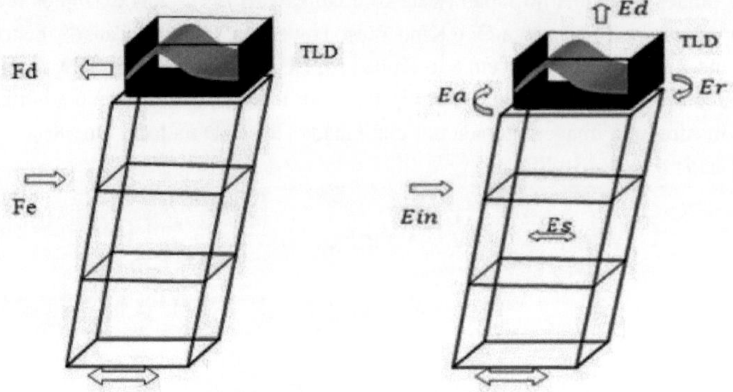

(a) Diagrama de forças (b) Diagrama de energia

FIGURA 1.2 Mecanismo do amortecedor de movimento (TLD). (a) Diagrama de forças (b) Diagrama de energia.

As abreviaturas são as seguintes: F_e =Força de excitação, F_d =Força de resistência dos amortecedores, //"Entrada de energia, E_a=Energia absorvida pelos amortecedores,E_d =Energia dissipada pelos amortecedores, E_r =Energia devolvida à estrutura, E_s=Energia de vibração estrutural.

1.4.5 PARÂMETROS DE CONCEPÇÃO DO TLD

1.4.5.1 RÁCIO DE MASSA

O rácio de massa, μ, é simplesmente definido como o rácio entre a massa do líquido no interior do TLD e a massa da estrutura. Isto significa que:

$$\mu = \frac{m_2}{m_1} \tag{1.1}$$

Onde m_2 é a massa do sistema de amortecimento, neste caso o TLD, e *m^é* a massa da estrutura.

A literatura indica que são desejáveis rácios de massa elevados [Juetal.2004]. Uma torre de 200 a 300 metros pesaria entre 50 e 150 mil toneladas métricas, dependendo do seu tamanho. Um TLD com uma razão de massa de 1 % teria entre 500 e 1500 toneladas métricas de líquido. Considerando a densidade da água e uma profundidade de água padrão de 10 a 20% do comprimento do tanque, seriam necessários 500 a 1500 metros quadrados de espaço no teto para os TLD. Isto é normalmente inatingível, pelo que os rácios de massa têm normalmente limitações práticas em vez de um valor alvo ótimo.

1.4.5.2 RÁCIO DE AMORTECIMENTO

O rácio de amortecimento é definido por Chopra (2000) como:

$$\zeta = \frac{c}{c_{critical}} \tag{1.2}$$

Onde *c* é uma medida da dissipação de energia durante um ciclo de vibração, e *C_{critica}i é* o coeficiente de amortecimento crítico, definido como:

$$c_{critical} = 2m_2(2\pi f_w) \tag{1.3}$$

Em que,/^ é a frequência natural do TLD.

Utilizando a teoria das ondas lineares, Sun (1991) desenvolveu as seguintes expressões para o rácio de amortecimento para TLDs:

$$\zeta = \frac{1}{2h}\sqrt{\frac{v}{\pi f}}\left(1 + \frac{h}{L}\right) \quad (1.4)$$

Onde, v é a viscosidade cinemática do líquido no interior do TLD. Poder-se-ia supor que quanto maior fosse o valor de ζ, melhor seria o desempenho do absorvedor de vibrações. E o o amortecimento ótimo de uma equação TLD é

$$\zeta_{opt} = \sqrt{\frac{3\mu}{8(1+\mu)}} \quad (1.5)$$

Em que µ é o rácio de massa .

1.4.5.3 RÁCIO DE AFINAÇÃO

O rácio de sintonização, η, é o rácio entre a frequência natural do TLD, f_w, e a frequência natural da estrutura, f_s,

$$\eta = \frac{f_w}{f_s} \quad (1.6)$$

fW pode ser calculada utilizando a teoria da onda linear, Lamb (1932), a partir de:

$$F_w = \frac{1}{2\pi}\sqrt{\frac{\pi g}{L}\tanh\frac{\pi h}{L}} \quad (1.7)$$

Onde h é a profundidade do fluido no interior do TLD, e L é o comprimento do TLD na direção da excitação.

1.4.5.4 RÁCIO DE PROFUNDIDADE

O rácio de profundidade Δ é definido pelo rácio entre a profundidade da água e o comprimento do tanque ao longo da excitação.

$$\Delta = \frac{h}{L} \quad (1.8)$$

Onde h= profundidade da água, e ¿=Comprimento do tanque

1.4.5.5 EQUAÇÃO DO MOVIMENTO

A equação de movimento para uma estrutura de um só grau de liberdade com TLD, sujeita a um movimento do solo a_g é

$$m_s\ddot{u}_s + c_s\dot{u}_s + k_s u_s = -m_s a_g + F \quad (1.9)$$

Onde m_s,k_s e c_s representam a rigidez da massa e o amortecimento da estrutura, respetivamente. u_s é o deslocamento da estrutura em relação ao solo. E Fdenota a força de cisalhamento desenvolvida pelo TLD devido ao escoamento da água em sentido oposto ao movimento estrutural.

1.5 VARIABILIDADE

Os diferentes tipos de TLD foram encontrados na literatura anterior e o diagrama de fluxo é apresentado na Fig. 1.3.

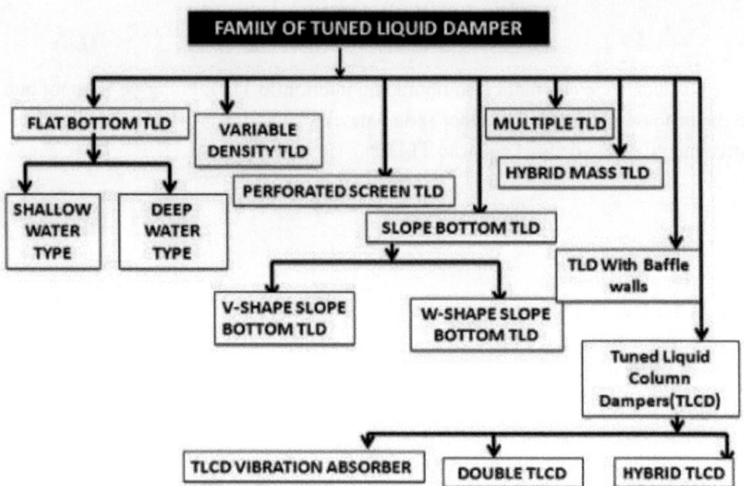

FIGURA 1.3 Diagrama de fluxo da variabilidade do amortecedor de líquido sintonizado.

1.5.1 TLD DE FUNDO PLANO

Os TLD de fundo plano são também designados por TLD de tipo caixa. Este tipo de TLD foi o primeiro a ser utilizado para reduzir a energia de vibração estrutural. Têm geralmente formas geométricas regulares, como rectangulares, quadradas e circulares, e são instalados no último andar do edifício. Um TLD pode ser classificado como de águas pouco profundas ou de águas profundas, se o rácio entre a profundidade e o comprimento for inferior a 0,15, pode ser classificado como de águas pouco profundas e, se for superior a 0,15, é designado como de águas profundas. O tipo de águas pouco profundas tem um grande efeito de amortecimento para uma pequena escala de vibração excitada externamente, mas é muito difícil analisar o sistema para uma grande escala de vibração excitada externamente, uma vez que o sloshing da água num tanque apresenta um comportamento não linear. No caso de águas profundas, o sloshing apresenta um comportamento linear para uma grande escala de força excitada externamente. A Fig. 1.3 mostra um diagrama esquemático de um TLD de fundo plano.

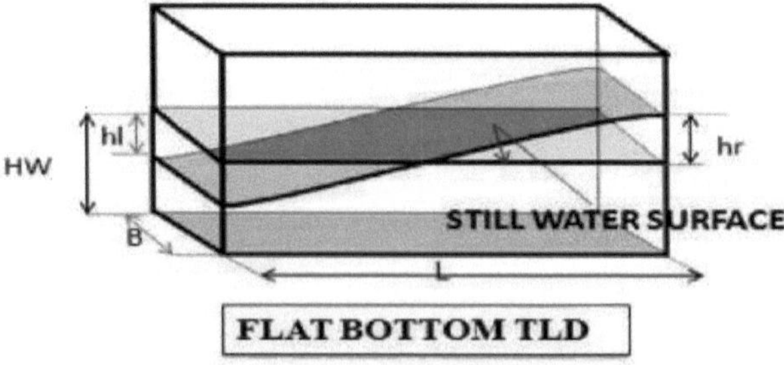

FIGURA 1.4 Diagrama esquemático de um amortecedor de líquido sintonizado de fundo plano.

O amortecimento em TLDs de águas profundas deve-se principalmente à viscosidade do fluido, que se provou ser demasiado baixa para ser suficientemente eficaz [Sun (1991)]. Os TLD em águas pouco profundas, por outro lado, têm um amortecimento desejavelmente elevado, devido ao facto de tenderem a sofrer rebentação de ondas, como se mostra na figura

1.4. A rebentação de ondas resulta em rácios de amortecimento que podem ser uma ordem de grandeza superiores aos rácios de amortecimento experimentados em TLD de águas profundas. No entanto, o TLD em águas pouco profundas não é prático devido à sua extrema não linearidade e à natureza imprevisível da rebentação das ondas. O limite da profundidade do líquido nos TLD de águas pouco profundas conduz também a uma massa de água reduzida no interior do tanque. Todos os estudos demonstraram que a eficácia do TLD é proporcional ao seu rácio de massa. Por conseguinte, a utilização de TLD em águas pouco profundas implica a utilização de um maior número de reservatórios para atingir o rácio de massa desejado, o que nem sempre é possível devido à limitação de espaço. Este facto torna necessária a instalação de dispositivos de amortecimento adicionais no interior dos TLD de águas profundas para aumentar o seu amortecimento inerente. Deste modo, seria possível atingir os rácios de massa desejados, reduzir as não linearidades e melhorar a previsibilidade do desempenho.

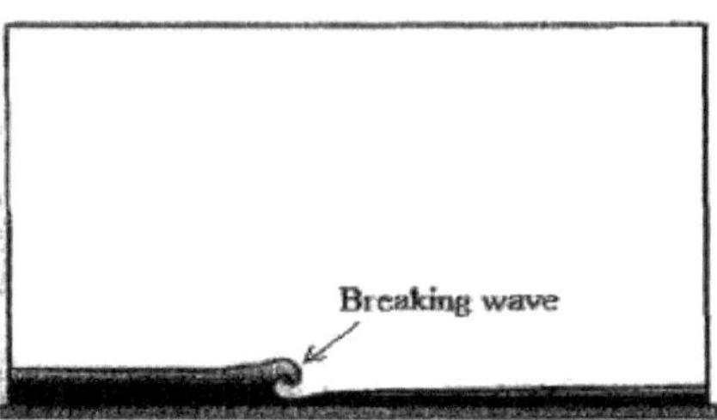

FIGURA 1.5 Ilustração da rebentação das ondas [Soong e Dargush (1997)]

1.5.2 TLD DE FUNDO DE TALUDE

As desvantagens associadas aos TLD do tipo caixa foram atenuadas com os TLD de fundo inclinado. O conceito de TLD de fundo inclinado teve origem no fenómeno da costa marítima, dado que uma praia inclinada é um dissipador de energia eficaz. A maioria das ondas oceânicas é dissipada ao longo das margens, especialmente devido à rebentação das ondas. Outras caraterísticas associadas ao tanque de fundo inclinado são o facto de, como a amplificação da altura de subida é maior na praia inclinada do que na parede vertical, o movimento das ondas no TLD se tornar mais não linear do que no TLD em forma de caixa e poder ser criada uma força horizontal maior com menos massa de água. O fenómeno de batimento, que também é comum nos TLD, pode ser atenuado através de TLD de fundo inclinado.

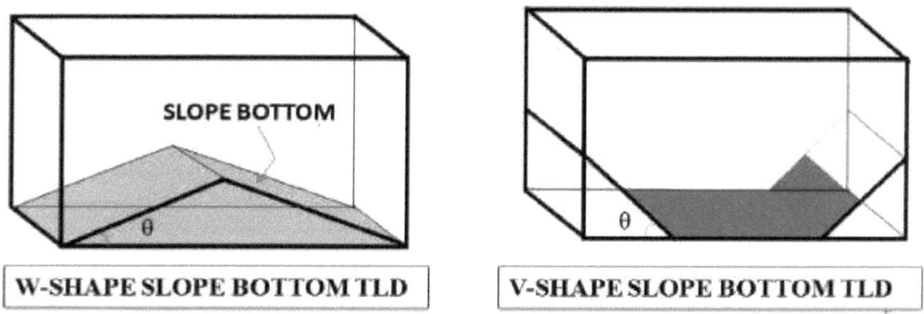

FIGURA 1.6 Diagrama esquemático de um amortecedor de líquido sintonizado de fundo inclinado.

1.5.3 TLD MÚLTIPLO

O TLD múltiplo é outra variedade de TLD em que vários TLD estão ligados entre si, cheios com a mesma profundidade de água e cuja frequência natural se distribui por um determinado intervalo em torno da frequência natural fundamental da estrutura. É fácil fazer um TLD múltiplo utilizando as diferentes profundidades de líquido nos espaços de partição do mesmo tanque. Não é necessário qualquer esforço adicional para aumentar o amortecimento do sloshing da água para o valor ótimo.

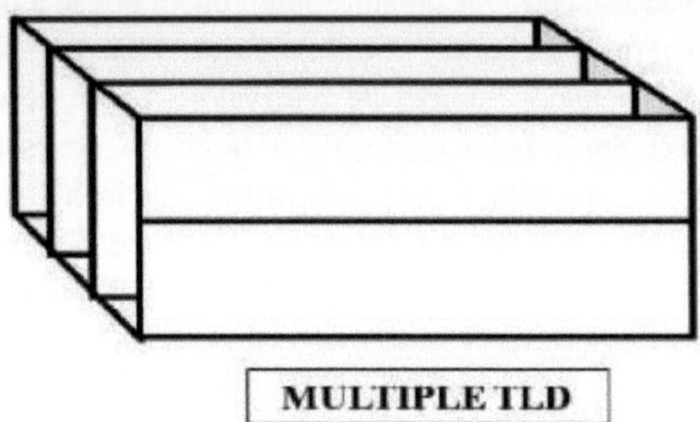

FIGURA 1.7 Diagrama esquemático de um amortecedor de líquido sintonizado múltiplo.

1.5.4 DENSIDADE VARIÁVEL

Para aumentar o amortecimento dos TLD, foram propostos líquidos mais viscosos em vez de água, obtendo-se assim um líquido mais denso através da adição de substâncias adicionais. Para resolver os problemas dos limites de densidade da luz que a água simples possui, do movimento lento da água e da erradicação dos problemas de movimento contínuo da onda da água (batimento), foi proposto este tipo de TLD.

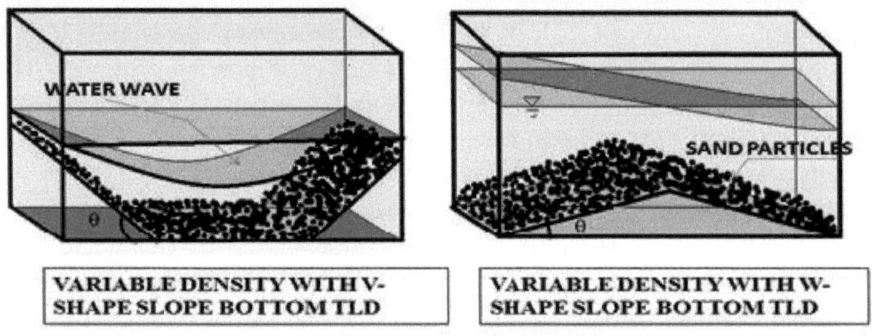

DENSIDADE VARIÁVEL COM FORMA DE "V" DECLIVE INFERIOR TLD
DENSIDADE VARIÁVEL COM DECLIVE EM FORMA DE WSLOPE BOTTOM TLD

FIGURA 1.8 Diagrama esquemático de um amortecedor de líquido sintonizado de densidade variável.

1.5.5 TELA PERFURADA TLD

No TLD, utiliza-se um ecrã de lâminas perfuradas para minimizar o efeito de dessintonização e para o tornar adequado a uma vasta gama de frequências de excitação. Um painel de ripas é constituído por um certo número de ripas, a altura das ripas e a área total sólida do painel é $S_s = n.D_s$. O rácio de solidez do painel $S = S_s/h$.

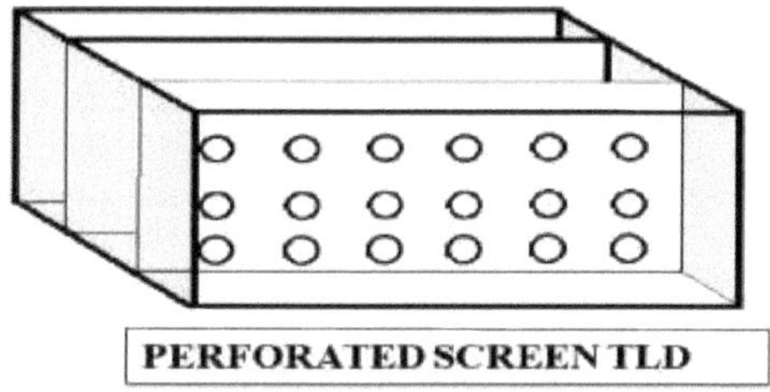

FIGURA 1.9 Diagrama esquemático de um amortecedor de líquido sintonizado do tipo ecrã perfurado.

1.5.6 PAREDE DEFLECTORA TLD

Os TLD com deflectores são utilizados para compensar o efeito de uma provável afinação incorrecta do TLD e para tornar o TLD mais controlável.

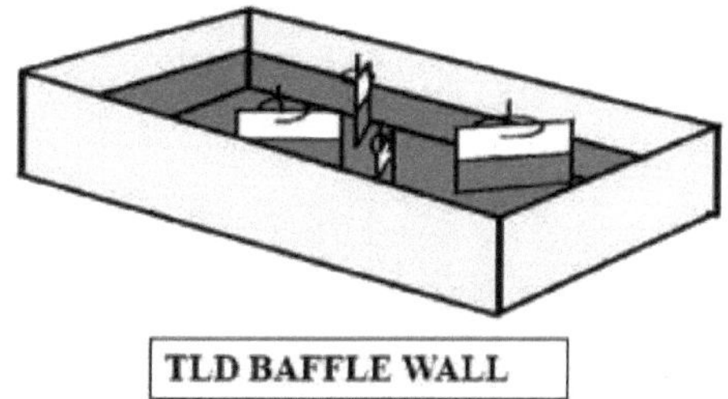

FIGURA 1.10 Diagrama esquemático de um amortecedor de líquido sintonizado do tipo parede deflectora.

1.6 OBJECTIVOS DO PRESENTE ESTUDO

1. Avaliar as caraterísticas de sloshing e o desempenho de TLDs de vários tipos através de ensaios em mesa agitadora.
2. Conceber novos tipos de TLD e investigar o seu desempenho.
3. Avaliar a resposta estrutural de um modelo à escala real de um edifício de 3 andares com estrutura em CCR sem e com enchimento e atenuar a resposta utilizando TLDs.

1.7 ÂMBITO DO ESTUDO

O presente tema de estudo incorpora os seguintes aspectos

1. Investigação do desempenho de TLDs de vários tipos, como os de fundo plano e os de fundo inclinado, com diferentes condições geométricas.
2. Investigação de novos TLD, como fundo inclinado com diferentes tipos geométricos, TLD com líquido de densidade variável.
3. Comportamento dinâmico de um edifício de 3 pisos à escala de $1/4^{th}$ em condições de vazio sem enchimento com e sem TLD, em condições de vazio com enchimento com e sem TLD.

1.8 METODOLOGIA

A metodologia de todo o trabalho do projeto é apresentada na Fig.1.11

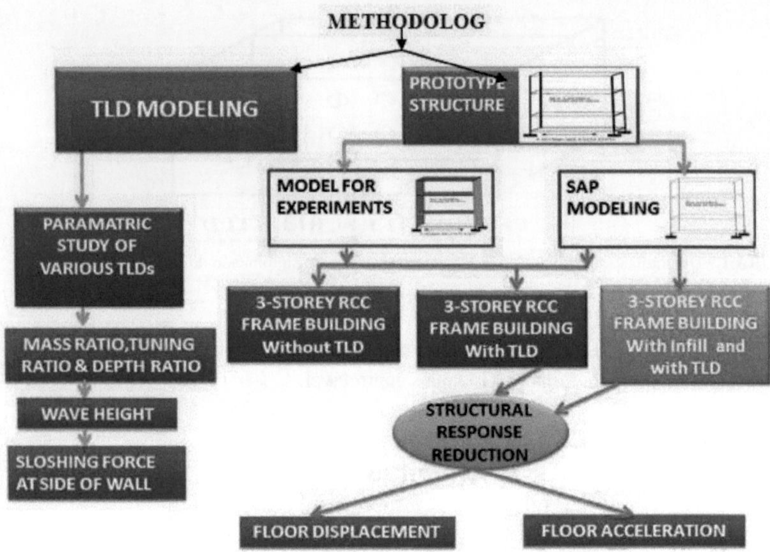

FIGURA 1.11 Diagrama esquemático da metodologia.

O projeto completo foi realizado em duas fases, a primeira das quais para o estudo paramétrico dos TLD e a segunda para a determinação da redução da resposta do modelo de edifício através da utilização de TLD. O procedimento para ambas as fases é apresentado a seguir.

1.8.1 ESTUDO PARAMETRICO DOS TLD

1. O reservatório do TLD foi construído com placas de acrílico de 5 mm de espessura em todos os lados da parede.
2. Para uma gama de frequências de 0,5 a 2 Hz, o tamanho e a profundidade do TLD são calculados utilizando a equação de Lamb (1932) para diferentes rácios de profundidade, rácio de sintonização e rácio de excitação.
3. Foram modelados sete tipos de TLD, nomeadamente os de fundo plano com água normal, os de fundo plano com densidade variável e os de fundo inclinado com diferentes padrões geométricos, mantendo o ângulo 30^0 constante para todos os tipos. O ensaio foi efectuado com água normal e com densidade variável em todos os TLD de fundo inclinado. Para obter uma comparação clara, as dimensões de todos os tipos de reservatórios foram mantidas constantes.
4. E para aumentar a densidade do líquido, foi feita uma tentativa utilizando óleo lubrificante e óleo de mostarda, que se verificou serem menos densos do que a água. A solução de açúcar utilizada nesta experiência, numa proporção de 1:1,7, tem uma densidade de 1,3 gm/cc, obtida quando testada com um picnómetro. Este foi tomado como o líquido de TLD para o estudo da densidade variável.
5. Em seguida, utilizando uma mesa de agitação acoplada a um atuador, o ensaio foi realizado em modo de controlo de deslocamento para todos os tipos de TLD, com diferentes amplitudes para diferentes rácios de excitação. A altura do sloshing no lado da parede foi registada por um gravador de vídeo. Em função desta altura, a força de arrastamento foi avaliada utilizando a equação disponível de trabalhos anteriores.

6. Foi estudada a adequação do TLD no que respeita à força máxima, à afinação incorrecta e ao problema do batimento.

1.8.2 DESEMPENHO DE UM EDIFÍCIO DE 3 ANDARES COM ESTRUTURA EM RC MODELO COM TLD

7. Foram selecionadas estruturas de 3 andares com um único compartimento, que podem ser consideradas como parte de um edifício de vários andares com muitos compartimentos. Isto foi feito por conveniência nos procedimentos de ensaio experimental.
8. Devido às restrições da mesa de vibração disponível em termos de capacidade e dimensões, o modelo foi reduzido em 1/4 th do edifício protótipo, mantendo as mesmas propriedades materiais originais do edifício protótipo.
9. A frequência natural fundamental será calculada para o modelo através de uma excitação por vibração livre. Numa fase posterior, a frequência do modelo estrutural foi levada a um valor adequado para fins experimentais através do fornecimento de massas adicionais.
10. O comportamento estrutural e as respostas foram estudados para o modelo de edifício sem TLD(s) utilizando a mesa vibratória unidirecional.
11. As dimensões dos amortecedores de líquido sintonizados foram efectuadas em relação à frequência estrutural que será utilizada para a sintonização com o modelo.
12. O comportamento estrutural e as respostas do modelo de edifício foram estudados na presença de TLD(s).

1.9 ENCERRAMENTO

Neste capítulo, foi introduzido o tema da dissertação. São apresentados os objectivos e o âmbito do presente estudo. Foram também abordados os vários tipos de sistemas de amortecimento disponíveis, os amortecedores de líquido sintonizado, os seus tipos e funcionalidades e implementações, a metodologia adoptada e os materiais.

CAPÍTULO 2

REVISÃO DA LITERATURA

2.1 INTRODUÇÃO

No presente capítulo, foi efectuada uma extensa pesquisa bibliográfica para conhecer os últimos desenvolvimentos no domínio dos amortecedores de líquidos sintonizados e outras questões relacionadas que são motivo de preocupação durante a execução do presente trabalho de investigação.

Desde o início da década de 1980 até aos tempos mais recentes, os TLD têm sido objeto de investigação por parte de muitos investigadores. As investigações envolveram investigação numérica, avaliação experimental, estudos paramétricos, posição dos TLD, variação da excitação, etc. De entre estas investigações, destacam-se de seguida algumas importantes.

2.2 INVESTIGAÇÕES NUMÉRICAS DE TLDs

Sun *et al.* (1992) sugeriram um modelo não linear que utilizava a teoria das ondas em águas pouco profundas, resolvendo assim as equações de Navier-Stokes e de continuidade. Além disso, introduziram dois coeficientes empíricos para ter em conta o efeito da rebentação das ondas, que continua a ser uma deficiência significativa em muitos outros modelos publicados até à data. Modi e Seto (1997) propuseram um modelo numérico que considera o comportamento não linear do TLD. Incluiu os efeitos da dispersão das ondas, bem como a formação de camadas limite nas paredes, as interações das partículas flutuantes na superfície livre e a rebentação das ondas. No entanto, a análise não teve em conta a dinâmica de impacto da onda que embate na parede do tanque. Além disso, observou-se que a alturas de líquido mais baixas, correspondentes à ocorrência de rebentação de ondas, havia grandes discrepâncias entre os resultados numéricos e experimentais.

Siddique e Hamed (2005) apresentaram um novo modelo numérico para resolver a equação de Navier-Stokes e as equações de continuidade. Mapearam um domínio físico irregular, dependente do tempo e desconhecido para um domínio computacional retangular em que a função de mapeamento era desconhecida inicialmente e foi determinada durante a solução. Foi indicado que o algoritmo pode prever com exatidão o movimento de sloshing do líquido sujeito a grandes deformações interfaciais. No entanto, não foi capaz de prever as deformações no caso de descontinuidades superficiais, tais como a existência de ecrãs ou a ocorrência de rebentação de ondas.

Kareem *et al.* (2009) apresentaram um modelo para o TLD utilizando a analogia sloshing-slamming, que consistia numa combinação das caraterísticas dinâmicas do sloshing de líquidos e do impacto slamming e que foi capaz de captar o comportamento tanto para baixas como para altas amplitudes de excitação. No entanto, os resultados experimentais não apresentaram uma boa concordância com o modelo proposto.

Li *et al.* (2002) utilizaram o método dos elementos finitos para resolver as equações da continuidade e do momento do fluido para líquidos pouco profundos. Para simplificar o procedimento computacional, tentaram transformar o problema tridimensional num problema unidimensional. No entanto, o modelo não foi verificado com experiências.

Yu (1999) introduziu um modelo baseado num amortecedor de massa sintonizada equivalente com rigidez e amortecimento não lineares calculados a partir de um procedimento de correspondência de energia. Foi demonstrado que o modelo era capaz de captar o comportamento do TLD sob excitações de grande amplitude e durante a rebentação de ondas.

2.3 INVESTIGAÇÕES ANTERIORES SOBRE VÁRIOS TIPOS DE TLD

2.3.1 TLD DE TIPO FUNDO PLANO

De acordo com Dean e Dalrymple (1984), o limite para os TLD em águas pouco profundas era uma profundidade de fluido de cerca de 10-12% do comprimento do tanque. O amortecimento em TLDs de águas profundas é principalmente devido à viscosidade do fluido, que se provou ser demasiado baixa para ser suficientemente eficaz [Sun (1991)].

2.3.2 TIPO DE TELA OU PERFURADO

Numa abordagem mais recente, foram utilizadas redes ou ecrãs submersos no TLD para induzir a dissipação de energia devido ao escoamento do fluido através dos orifícios [Kaneko e Ishikawa (1999); Tait *et al.* (2005)]. A caraterística mais atractiva dos crivos é que o amortecimento pode ser facilmente ajustado alterando o rácio de solidez do crivo (rácio entre a área bloqueada e a área aberta no crivo). Hamelin (2007) efectuou estudos experimentais rigorosos para investigar o efeito da geometria do painel no desempenho do TLD. O estudo considerou amplitudes harmónicas de 1-3% do comprimento do TLD e uma vasta gama de rácios de solidez. O autor concluiu no seu artigo que o tipo de TLD com ecrã é mais eficaz para atenuar a resposta estrutural do que o TLD tradicional.

Warnitchai e Pinkaew (1998) propuseram um modelo matemático de TLDs que incluía os efeitos não lineares dos dispositivos de amortecimento do fluxo. Foram efectuadas investigações experimentais com um dispositivo de rede metálica. Com a introdução do dispositivo de amortecimento do fluxo, observou-se um aumento do amortecimento do sloshing e a caraterística não linear do amortecimento. A ligeira redução da frequência de sloshing está de acordo com as previsões do modelo.

Kaneko e Ishikawa (1999) propuseram um modelo analítico que pode ter em conta os efeitos das redes submersas no comportamento do TLD com base na teoria das ondas em águas pouco profundas. Foi demonstrado que o fator de amortecimento ótimo pode ser obtido com redes e que a vibração estrutural pode ser ainda mais reduzida com redes.

Tait (2008) desenvolveu um modelo mecânico linear equivalente que teve em consideração a energia dissipada pelas telas de amortecimento para excitação sinusoidal e aleatória. Foram realizados ensaios experimentais para validar o modelo e foi sugerido um procedimento de projeto preliminar para um TLD equipado com ecrãs de amortecimento.

Tait e Deng (2009) introduziram modelos de tanques de fundo triangular, de fundo inclinado, de fundo parabólico e de fundo plano utilizando a teoria linear de ondas longas. A energia dissipada pelas telas de amortecimento e as propriedades mecânicas equivalentes, incluindo a massa efectiva, a frequência natural e a razão de amortecimento dos TLD, foram comparadas para diferentes geometrias de tanques. Foi demonstrado que a razão de massa efectiva normalizada (a massa líquida que participa no sloshing) para um tanque de fundo parabólico e um tanque de fundo inclinado com um ângulo de inclinação de 20 graus era maior do que a razão de massa efectiva normalizada dos tanques de fundo triangular e de fundo plano.

Cassolato *et al.* (2010) propuseram telas de lâminas inclinadas para aumentar o rácio de amortecimento do TLD. Os autores calcularam o coeficiente de perda de pressão para os painéis inclinados e estimaram a energia dissipada pelos painéis. Foi também desenvolvido um modelo para prever a resposta do fluido em estado estacionário. Observou-se que um TLD equipado com ecrãs inclinados ajustáveis podia introduzir um rácio de amortecimento constante numa gama de amplitudes de excitação. Concluiu-se também que o aumento do ângulo da tela diminui a razão de amortecimento do TLD.

De acordo com a pesquisa bibliográfica, a única tentativa proeminente de definir o efeito do número de ecrãs e da sua localização num TLD foi efectuada por Tait (2004). As localizações dos crivos foram expressas como um rácio do comprimento do tanque e medidas a partir do meio do tanque. Em todos os casos, a solidez do crivo foi mantida constante em 0,42.

2.3.3 TLDs de fundo inclinado

Foi detectado pela primeira vez por Mei (1983), que estudou a dinâmica oceânica, que a praia inclinada é um dissipador eficaz de energia e de ondas. Tornou-se um conhecimento comum na investigação sobre tsunamis que a maior parte da energia das ondas é dramaticamente dissipada ao longo das margens. [Gardarsson *et al.* (2001)]. Recentemente, o mesmo conceito foi aplicado para obter o mesmo fenómeno físico em TLDs. Foi estudado o efeito da criação de um fundo inclinado de um TLD retangular com um fundo inclinado de 30° nos dois cantos do TLD. Foi demonstrado que, apesar do comportamento de mola de endurecimento de um TLD retangular, o de fundo inclinado comportava-se como uma mola de amolecimento. Além disso, observou-se que mais massa líquida participava na força de sloshing no caso do fundo inclinado, levando a uma maior dissipação de energia. Olson e Reed (2001) estudaram experimentalmente o efeito de um ângulo de inclinação do fundo igual ao de [Gardarsson et al. (2001)] e modificaram empiricamente a equação linear utilizada para estimar a frequência natural do TLD. Os seus resultados confirmaram o elevado nível de amortecimento e o aumento significativo da massa de sloshing que contribui para um TLD de fundo inclinado.

Entre outros resultados, concluiu-se também que o tanque de fundo inclinado deve ser sintonizado ligeiramente acima da frequência fundamental da estrutura para introduzir o amortecimento mais eficaz. Foram efectuados vários estudos numéricos para simular o sloshing em TLDs de fundo inclinado utilizando os métodos TMD equivalentes [Yu (1997), Olson e Reed (2001)]. Após a validação, surgiram algumas discrepâncias devido ao facto de as não-linearidades não terem sido tidas em conta com exatidão. Xiao Hua *et al.* (2009) investigaram experimentalmente o efeito de um TLD de fundo inclinado na resposta de uma estrutura de três pisos. O estudo avaliou o efeito de várias geometrias do fundo inclinado (em forma de V, W e arco) e concluiu que os fundos em forma de V eram os mais eficazes na atenuação das vibrações estruturais.

2.3.4 TLDs BAFFLE WALL

No início do século XXI, foram efectuados estudos sobre TLD com paredes deflectoras. Biswal *et al.* (2003) estudaram uma análise bidimensional por elementos finitos para a análise dinâmica de um tanque retangular cheio de líquido com deflectores, utilizando a formulação do potencial de velocidade e a teoria linear das ondas de água. Foram avaliadas as frequências de slosh do líquido num tanque retangular com e sem deflectores (placas rectangulares finas). O sistema tanque-baffle foi considerado rígido. A resposta de slosh do líquido foi estudada sob uma excitação de base sinusoidal em estado estacionário. As frequências de slosh do líquido foram calculadas para diferentes dimensões e posições do(s) deflector(es). Biswal *et al.* (2004) apresentaram uma análise de vibração livre de um tanque cilíndrico rígido cheio de líquido com deflectores anulares e as frequências naturais do líquido foram comparadas com as de tanques rectangulares sem paredes deflectoras. Os parâmetros de frequência de slosh do líquido foram calculados para várias localizações do deflector no reservatório. Além disso, a flexibilidade do deflector teve um efeito nos parâmetros de frequência de slosh do líquido até uma certa espessura do deflector. Os autores sugeriram que um deflector anular pode ser utilizado com êxito para amortecer a amplitude do slosh do líquido num tanque cilíndrico. As tentativas de adicionar dispositivos de amortecimento aos TLD começaram nos anos 50 e incluíram a adição de deflectores anulares às paredes do tanque por Miles (1967), Bauer (1964) e Abramson (1967).

2.3.5 TLD MÚLTIPLO

Fujino e Sun (1993) apresentaram um estudo sobre amortecedores de líquido sintonizado múltiplos. A eficiência dos amortecedores de líquidos sintonizados múltiplos (MTLD) foi avaliada em função do número de TLDs envolvidos, da largura da banda de frequência, do parâmetro de desativação e da amplitude de excitação através de estudos experimentais, tendo-se concluído que (a) Os MTLDs não são sensíveis ao número de TLDs se o número exceder um determinado valor. (b) Os MTLD são mais sensíveis à largura da banda de frequência do que ao número de TLD. (c) Os MTLDs não são sensíveis à condição de sintonização.

Li e Wang (2004) sugeriram múltiplos TLDs para reduzir as respostas multimodais de edifícios altos e estruturas de arranha-céus a excitações sísmicas de movimentos de terra. Os TLDs foram ajustados para os primeiros períodos naturais da estrutura. Foi demonstrado teórica e experimentalmente que, tendo a mesma massa que um único TLD, os MTLD são mais eficazes na redução da resposta estrutural em cerca de 40%.

Koh *et al.* (1995) investigaram amortecedores líquidos múltiplos sintonizados em várias frequências modais da estrutura. Concluíram que os TLD múltiplos oferecem um melhor controlo das vibrações do que os TLD sintonizados para uma frequência modal específica. Além disso, verificaram a dependência do TLD da natureza da excitação e o efeito significativo da posição do TLD na resposta às vibrações.

2.3.6 TLD VARIÁVEL DE DENSIDADE (DVTLD)

A eficiência dos amortecedores de líquido sintonizado com base em líquido de densidade variável foi inicialmente efectuada por Xin e Chen (2009). Eles propuseram um TLD de densidade variável com fundo inclinado e investigaram-no experimentalmente numa estrutura de três andares, à escala de %. Os autores concluíram que: (a) Um DVTLD com um fundo em forma de W é consistentemente mais eficaz na mitigação da deriva do piso e da aceleração do piso dos edifícios do que um DVTLD com um fundo em forma de V, uma vez que o fundo em forma de W pode colocar mais partículas de areia em movimento sob agitação. É adaptável às excitações sísmicas e uma a duas vezes mais eficaz do que um TLD tradicional em sismos fortes devido a um aumento da densidade da massa da mistura de água e areia em movimento. É também mais robusto do que outros dispositivos TLD sob várias excitações sísmicas, particularmente para a redução da deriva de andares. (b) Um DVTLD pode acelerar o processo de decaimento da vibração livre após a cessação de uma excitação externa, provavelmente devido ao aumento do amortecimento e à redução da massa no estado suspenso.

2.4 TRABALHOS ANTERIORES BASEADOS NO ESTUDO PARAMÉTRICO DO TLD

Com base no modelo proposto por Sun *et al.* (1992), Banerji *et al.* (2000) estudaram a eficácia dos parâmetros importantes do TLD. Os valores óptimos das relações entre a profundidade da água e o comprimento do reservatório, entre a massa da água e a massa da estrutura e entre a frequência do reservatório e a frequência estrutural foram determinados através de experiências. Subsequentemente, sugere-se um procedimento prático de projeto do TLD para controlar a resposta sísmica das estruturas. Chang *et. al.* (1999) efectuaram um estudo teórico e experimental para obter propriedades óptimas do TLD instalado no topo de um edifício alto sujeito a excitações de vórtice (que é um caso especial de excitação pelo vento). Foi realizada uma série de experiências em túnel de vento correspondentes a diferentes geometrias de TLD. Propôs-se uma gama de frequências do TLD entre 0,9 e 1,0 da do modelo do edifício e um rácio de massa de 2,3%.

Samanta e Banerji (2010) modificaram teoricamente a configuração do TLD, em que este assenta numa plataforma elevada ligada ao topo do edifício através de uma haste rígida com uma mola rotativa flexível na parte inferior. Uma vez que, para determinados valores de flexibilidade da mola rotativa, a aceleração rotacional da barra está em fase com a aceleração estrutural do topo, o TLD foi sujeito a uma aceleração de maior amplitude do que o tradicional fundo fixo e a sua eficiência foi aumentada.

2.5 TRABALHOS ANTERIORES BASEADOS NA POSIÇÃO DOS TANQUES

Foram também efectuados estudos de TLDs com base no seu posicionamento. Ikeda (2010) investigou a influência da configuração de dois tanques rectangulares na resposta de uma estrutura de dois pisos. No primeiro caso, foram colocados dois tanques em dois pisos diferentes e, no segundo caso, ambos os tanques foram colocados no último piso, tendo concluído que os tanques múltiplos são menos eficazes na redução da resposta estrutural.

2.6 TRABALHOS ANTERIORES BASEADOS NA NATUREZA DA EXCITAÇÃO

Na maior parte da investigação realizada sobre amortecedores líquidos, considerou-se que a força de excitação era apenas unidirecional. Nos ensaios experimentais, esta força foi criada por uma mesa de agitação unidimensional ou por um gerador de ondas unilateral. Quando se consideram as forças do vento em torres altas, assume-se com segurança que a força é de natureza harmónica, com amplitudes baixas a moderadas. A maioria dos estudos que testaram a eficácia do amortecimento do TLD sob forças sísmicas utilizaram sinais de excitação de ruído branco em vez de harmónicos.

Ikeda (2003) investigou o comportamento não linear do TLD ligado a uma estrutura linear sujeita a uma excitação harmónica vertical. Concluiu que, ao adotar um nível de líquido ótimo, um tanque de líquido pode funcionar como um amortecedor para reduzir as excitações sinusoidais verticais.

Ikeda e Ibrahim (2005) estudaram a interação aleatória não linear de uma estrutura elástica com a dinâmica de sloshing de líquidos num tanque cilíndrico sujeito a uma excitação aleatória vertical de banda estreita. Foram observados quatro regimes de movimento da superfície do líquido e a modelação unimodal do sloshing foi considerada uma forma razoável de investigar a interação estrutura-TLD.

Lee *et al.* (2007) efectuaram um ensaio híbrido pseudo-dinâmico (PSD) em tempo real para avaliar o desempenho do TLD. Neste método, a estrutura foi modelada num computador e o tanque foi testado fisicamente. Compararam os resultados com o ensaio convencional de mesa agitadora e mostraram que o desempenho do TLD pode ser avaliado com precisão utilizando o método de ensaio híbrido de mesa agitadora em tempo real RHSTTM sem o modelo estrutural físico.

A analogia com o amortecedor de massa sintonizada (TMD) foi utilizada para propor a massa, a rigidez e o amortecimento equivalentes do TLD a partir de dados experimentais de tanques rectangulares, circulares e anulares sujeitos a uma excitação de base harmónica por Sun *et al.*

(1995). Este método pode ser útil para modelar o TLD como um TMD equivalente nos casos em que a modelação de um amortecedor de líquidos é entediante.

2.7 FECHAMENTO

Neste capítulo, foi efectuada uma análise exaustiva da literatura sobre TLD. A partir da análise da literatura, concluiu-se que:

(i) Nenhuma estrutura de edifícios 3D com ou sem enchimento de alvenaria não reforçada foi testada com amortecedor líquido sintonizado de densidade variável.

(ii) É possível efetuar mais estudos paramétricos sobre o TLD.

(iii) É possível investigar um novo tipo de TLD. Esta foi a inspiração para o presente estudo sobre TLDs.

CAPÍTULO 3

ESTUDO PARAMETRICO SOBRE TLDs: TRABALHOS EXPERIMENTAIS

3.1 INTRODUÇÃO

Neste capítulo, foi testada uma vasta gama de amortecedores líquidos sintonizados (TLD) com diferentes variações paramétricas e foi estudado o seu comportamento. De acordo com a literatura existente, a maior parte dos estudos paramétricos anteriores foram efectuados em TLD para uma frequência inferior a 0,5 Hz, que é adequada para estruturas altas. No presente estudo, procurou-se conhecer o comportamento dinâmico do reservatório de líquido para uma vasta gama de frequências de 0,5 Hz a 2,0 Hz, o que pode ajudar a conceber o TLD adequado para estruturas pequenas.

3.2 ESTUDOS EXPERIMENTAIS

Foi realizada uma série de experiências para estudar o comportamento dinâmico de um tanque de líquido quando sujeito a um movimento harmónico na base dado pela mesa de agitação à qual está ligado um atuador. Uma vez que o movimento harmónico consiste numa única frequência, este estudo permitirá compreender o comportamento do líquido no tanque para este tipo de movimento. As alturas de onda geradas na parte lateral da parede do tanque de líquido são registadas para cada ciclo por meio de um gravador de vídeo com câmara de alta resolução.

A força de sloshing adicional foi também determinada utilizando a equação de Reed *et al.* (1998)

Pb=^№~%} (3.1)

Onde p= Densidade da água, p= aceleração devida à gravidade, *b* é a largura do tanque de líquido e *hr* e *blare* a altura da onda no lado da parede.

Foram colocadas duas balanças na parte lateral do tanque para a contagem da altura das ondas.

3.3 LISTA DO MATERIAL DE LABORATÓRIO

1. Atuador
2. Mesa vibratória unidirecional
3. Painel de controlo
4. Balanças
5. Câmara de vídeo

3.3.1 ACTUADOR

O atuador utilizado para as experiências é do tipo duplo efeito, cuja capacidade é de (±) 100KN tanto em tensão como em compressão. O comprimento do curso de teste é de 0-200mm (± 100mm). Transdutor de deslocamento incorporado 0-300mm Pressão máxima de funcionamento 210 Bars. Uma célula de carga é instalada no cilindro do atuador através de um adaptador de célula de carga. A sua capacidade é de 200 KN e a resposta em frequência é de 0-50Hz. A Fig. 3.1 mostra o diagrama esquemático do atuador presente no departamento

FIGURA 3.1 Atuador.

3.3.2 MESA VIBRATÓRIA UNIDIRECCIONAL

A mesa de vibração foi fabricada para realizar ensaios dinâmicos de modelos estruturais de pequena escala com uma plataforma deslizante de 70 cm x 40 cm que está ligada ao atuador. A plataforma deslizante desliza sobre rolamentos lineares de esferas de baixo atrito que estão montados em veios. O eixo está novamente equipado com canais. A gama de deslocação máxima da mesa vibratória é de 40 mm e a capacidade de carga útil é de 20 kg. O diagrama da mesa vibratória fabricada é apresentado na Fig. 3.2.

FIGURA 3.2 Mesa de agitação ligada ao atuador.

3.3.3 PAINEL DE CONTROLO

Um painel de controlo é a parte principal do sistema que controla o funcionamento da servo-válvula, que por sua vez controla o movimento do atuador. Consiste num cartão de controlo para o funcionamento das servo-válvulas. Esta unidade está ligada ao computador através de um cabo de ligação. Também consiste em placas de condicionamento de sinal que recebem sinais de vários sensores (célula de carga e transdutor de deslocamento). Estas placas amplificam e processam o sinal dos sensores e fornecem uma saída de vários transdutores que é transferida para a placa de aquisição de dados no interior do computador, que fornece gráficos de carga vs. tempo, deslocamento vs. tempo e carga vs. deslocamento. A Fig. 3.3 mostra o painel de controlo disponível no departamento.

FIGURA-3.3 Painel de controlo.

3.3.4 ESCALAS

São feitas duas balanças de 65 cm de comprimento para medir a altura do sloshing no lado da parede.

3.4 TIPOS DE RESERVATÓRIOS ENSAIADOS

Em trabalhos de investigação anteriores, foram apresentadas diferentes variedades de TLD para atenuar as desvantagens associadas a cada padrão de TLD. Numa extensão destes trabalhos anteriores, a presente investigação apresenta muitas outras caraterísticas adicionais em vez de variações paramétricas. É efectuada uma série de experiências com os sete tipos de reservatórios seguintes.

- TLD de fundo plano com água.
- TLD de fundo plano com densidade variável.
- Fundo da encosta TLD com água
  - Forma W declive inferior
  - Fundo do declive em forma de U
  - Fundo de declive em forma de V
- TLD de fundo de talude com densidade variável
  - Fundo do declive em forma de U
  - Fundo de declive em forma de V

3.5 PARÂMETROS CONSIDERADOS

1. FORÇA DE DESLIZAMENTO NÃO DIMENSIONAL (Fb')

A razão entre a força de sloshing gerada pelo sloshing do líquido e a força de inércia da água, definida como:

$$F_w' = \frac{F_b}{m\omega_e^2 A_e} \quad (3.2)$$

Em que F_b é a força de arrastamento calculada através da equação nº (3.1); m é a massa do líquido; ωθ é a frequência circular harmónica de excitação; A_e é a amplitude de excitação.

2. ALTURA NÃO ADIMENSIONAL DO EFEITO DE SLOSHING (H)

A relação entre a altura máxima da onda e a profundidade da água parada, definida como:

$$H' = \frac{\eta}{h_0} \quad (3.3)$$

Em que, η é a altura da onda a partir da profundidade da água parada h_0.

3.5 TLD DE FUNDO PLANO COM ÁGUA

No amortecedor de líquido sintonizado, o parâmetro mais importante é a frequência da água, que depende das dimensões do TLD. Para calcular este parâmetro, foi utilizada a equação de frequência de Lamb (1932), enquanto que em estudos de investigação anteriores esta se baseava na teoria das ondas lineares. Antes de selecionar as dimensões dos reservatórios, é necessário ter um bom conhecimento dos outros parâmetros que afectam a frequência da água.

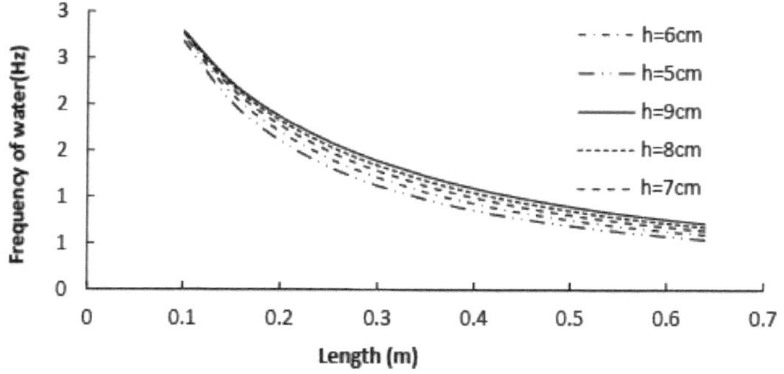

FIGURA 3.4 Variação da frequência natural em função do comprimento da água.

A Figura 3.4 mostra como a alteração do comprimento de um tanque retangular (L) altera a frequência natural da água. A baixa frequência natural é benéfica para tanques de água longos que oferecem uma profundidade de água rasa porque o comprimento do tanque de água (L) é grande em comparação com a altura da água no tanque. Este padrão de TLD pode ser útil para estruturas altas cujas frequências naturais são geralmente pequenas. No entanto, as frequências naturais mais elevadas são geralmente produzidas em tanques de água curtos que oferecem uma profundidade de água profunda, uma vez que o comprimento do tanque de água (L) é pequeno e a altura da água é elevada, podendo ser utilizado para estruturas pequenas.

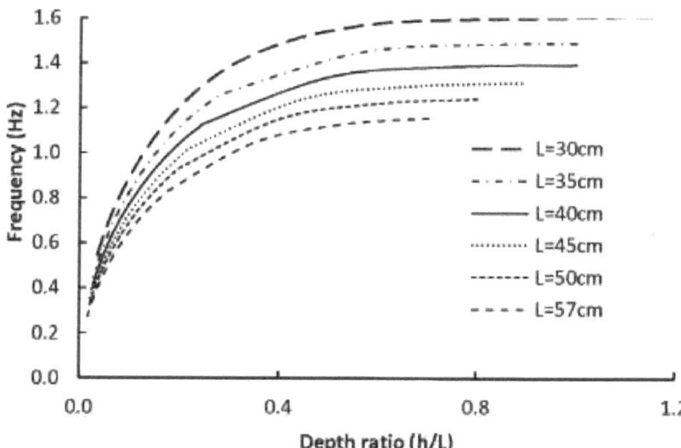

FIGURA 3.5 Alterações na frequência natural em função do rácio de profundidade da água.

A figura 3.5, que apresenta um gráfico do rácio de profundidade versus a frequência da água, mostra que a alteração do rácio de profundidade (h/L) de um tanque retangular também altera a frequência natural da água. Observa-se que, quando o rácio de profundidade aumenta, a frequência da água também aumenta, mas quando o rácio de profundidade está próximo da unidade, a frequência mantém-se constante.

Verifica-se que a frequência é muito afetada quando a relação de profundidade se move até 0,5. Tendo em conta estes factos, foi selecionado um fundo plano de dimensão retangular com 30 cm de comprimento e 20 cm de largura. A Fig. 3.6 mostra o diagrama esquemático de um TLD de fundo plano. Os modelos de TLD são feitos de placas de acrílico de 5 mm de espessura em todos os lados da parede, sem tratamento especial do acrílico. Neste caso, foi utilizada água como líquido.

(a) (b)

FIGURA 3.6 TLD de fundo plano com água (a) Antes da excitação (b) Durante a excitação.

3.5.1 PARÂMETROS DE ENSAIO

O mesmo reservatório descrito na secção 3.4.2 foi ensaiado para diferentes profundidades com diferentes amplitudes e diferentes frequências de excitação. O quadro 3.1 mostra as variações paramétricas para o TLD de fundo plano.

QUADRO 3.1 Resultados paramétricos para TLD de fundo plano

Água comprimento(L) cm	Água profundidade (Â)cm	Profundidade rácio(^)	Água frequência (Zw)	Amplitude(A) mm	Excitação Frequência (/e)	Rácio de frequência ß (-)
30	2.0	0.066	0.733	5, 10.0, 15.0, 20.0,	0.586,0.659,0.733,1 806,0.879,0.952	0.8, 0.9, 1.0,1.1,1.2,1.3
30	4.0	0.13	1.015	5, 10.0, 15.0, 20.0,	0.812,0.913,1.015, 116,1.218,1.319	0.8, 0.9, 1.0,1.1,1.2,1.3
30	6.0	0.20	1.204	5, 10.0, 15.0, 20.0,	0.963,1.084,1.204, 324,1.445,1.565	0.8, 0.9, 1.0,1.1,1.2,1.3
30	9.0	0.30	1.384	5, 10.0, 15.0, 20.0,	1.107,1.246,1.384, 522,1.661,1.799	0.8, 0.9, 1.0,1.1,1.2,1.3
30	12.0	0.40	1.487	5, 10.0, 15.0, 20.0,	1.19,1.338,1.487,1. 36,1.784,1.933	0.8, 0.9, 1.0,1.1,1.2,1.3
30	15.0	0.50	1.545	5, 10.0, 15.0, 20.0,	1.236,1.391,1.545, 699,1.854,2.009	0.8, 0.9, 1.0,1.1,1.2,1.3

3.5.2 RESULTADOS DA EXPERIÊNCIA

As experiências são realizadas com diferentes profundidades de água para cada amplitude com diferentes frequências de excitação, e os melhores resultados de profundidade de água são mostrados abaixo.

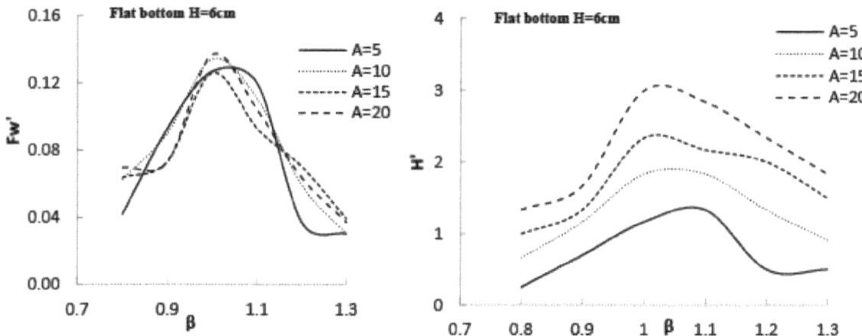

FIGURA 3.7 Para uma profundidade de água de 6 cm (a) Força máxima de sloshing versus razão de frequência de excitação (b) Altura máxima de sloshing versus razão de frequência de excitação.

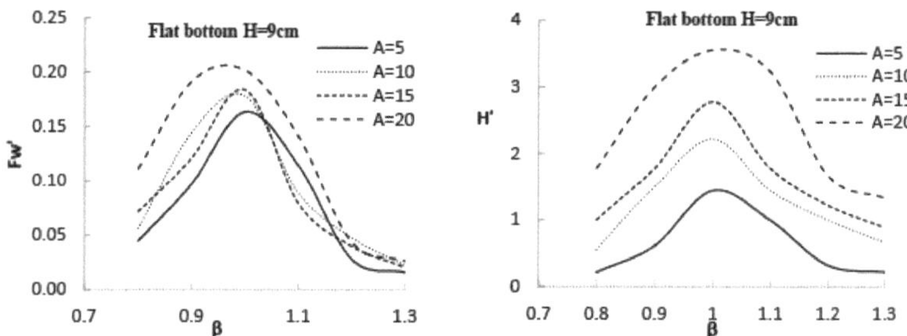

FIGURA 3.8 Para uma profundidade de água de 9 cm (a) Força máxima de sloshing versus razão de frequência de excitação (b) Altura máxima de sloshing versus razão de frequência de excitação.

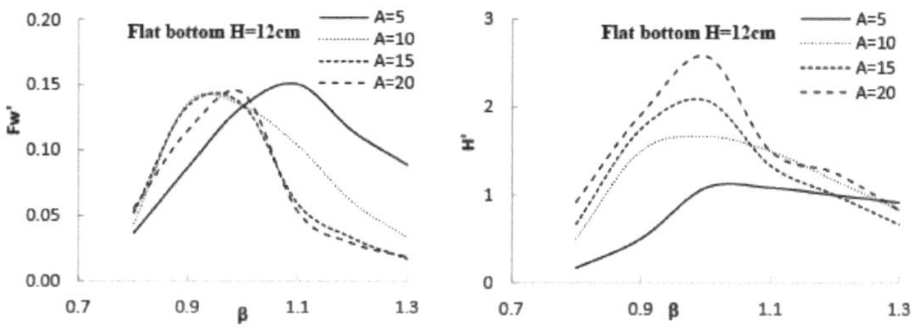

FIGURA 3.9 Para uma profundidade de água de 12 cm (a) Força máxima de sloshing versus razão de frequência de excitação (b) Altura máxima de sloshing versus razão de frequência de excitação.

3.6 TLD DE TIPO FUNDO PLANO COM DENSIDADE VARIÁVEL

Mantendo dimensões e parâmetros de ensaio semelhantes aos do tanque acima referido, foi realizada uma série de experiências, alterando a densidade da água com açúcar na proporção de 1:1,7, para investigar o efeito do líquido de densidade variável. O objetivo desta tentativa é atenuar o problema do batimento (sloshing causado por excitação) e tornar o comportamento do sloshing linear, aumentando assim a força de sloshing, uma vez que esta depende da densidade do líquido.

Foram feitas tentativas utilizando óleo lubrificante e óleo de mostarda, que se verificou serem menos densos do que a água. A solução de sal e açúcar utilizada nesta experiência, numa proporção de 1:1,7, tem uma densidade de 1,3 gm/cc, que foi obtida quando testada com um picnómetro. Este foi tomado como o líquido de TLD para o estudo da densidade variável. A

Fig.3.10 mostra o TLD de fundo plano antes e durante a excitação.

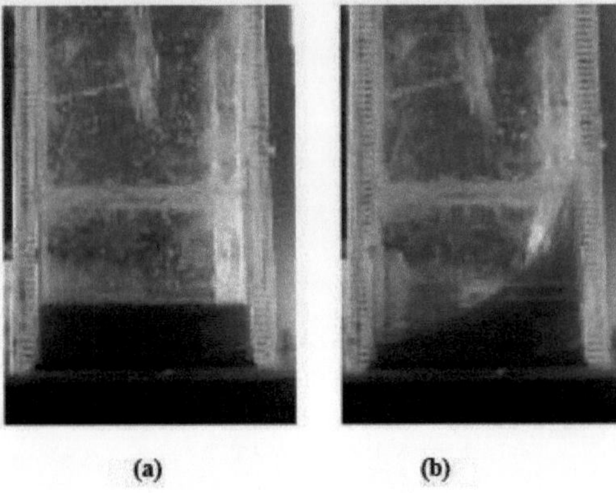

FIGURA 3.10 TLD de fundo plano com densidade variável (a) Antes da excitação (b) Durante a excitação.

3.6.1 RESULTADOS EXPERIMENTAIS

As experiências são realizadas com uma profundidade de água variável (H= 6cm, 9cm, 12cm e 15cm) para diferentes amplitudes (A=5cm, 10cm, 15cm e 20cm) com o objetivo de estudar o comportamento entre o rácio da frequência de excitação e a força máxima de sloshing e a altura máxima de sloshing.

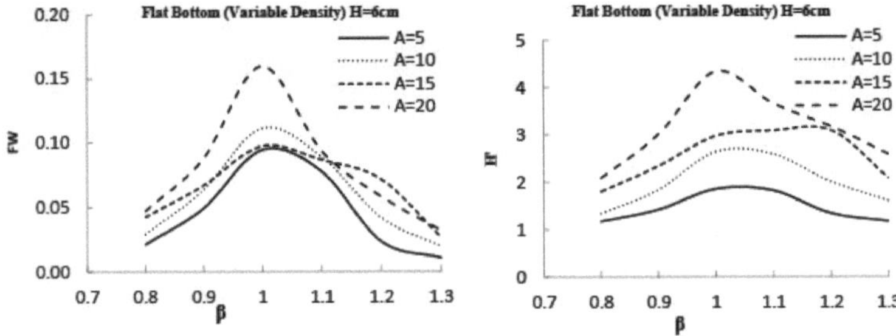

FIGURA 3.11 Para uma profundidade de água de 6 cm (a) Força máxima de sloshing versus razão de frequência de excitação (b) Altura máxima de sloshing versus razão de frequência de excitação.

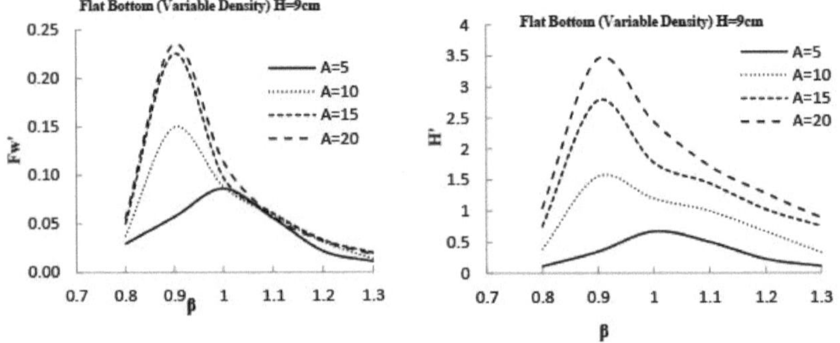

FIGURA 3.12 Para uma profundidade de água de 9 cm (a) Força máxima de sloshing versus razão de frequência de excitação (b) Altura máxima de sloshing versus razão de frequência de excitação.

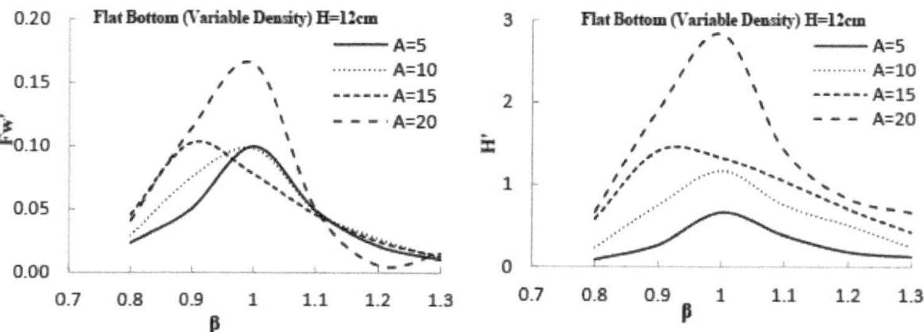

FIGURA 3.13 Para uma profundidade de água de 12 cm (a) Força máxima de sloshing versus rácio de frequência de excitação (b) Altura máxima de sloshing versus rácio de frequência de excitação.

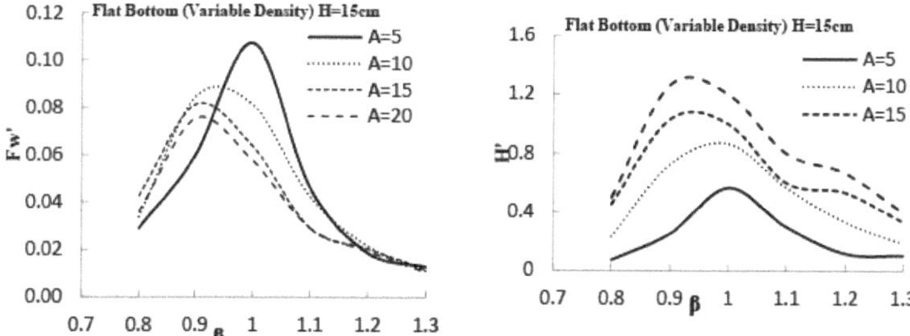

FIGURA 3.14 Para uma profundidade de água de 15 cm (a) Força máxima de sloshing versus razão de frequência de excitação (b) Altura máxima de sloshing versus razão de frequência de excitação.

3.7 INCLINAÇÃO DO FUNDO TLD

Foram criados três tipos de TLD de fundo inclinado para contrariar as desvantagens adversas associadas ao TLD de fundo plano. Para determinar o melhor tipo de inclinação, a dimensão do reservatório, as amplitudes de ensaio e a frequência de excitação foram mantidas iguais.

3.7.1 TLD DE FUNDO DE TALUDE EM FORMA DE V

Mantendo uma dimensão semelhante à do reservatório de fundo plano, o declive em forma de V foi efectuado com 30^0 inclinações em relação à horizontal. Não foram examinados outros casos com inclinações diferentes. A frequência linear da água foi determinada utilizando a equação modificada de Olson et. al. (2001)

$$F_w = \frac{1}{2\pi}\sqrt{\frac{\pi g}{L_1} tanh \frac{\pi h}{L_1}} \quad (3.4)$$

Onde Li é o perímetro molhado do tanque de líquido. A Fig. 3.15 mostra o diagrama esquemático do TLD de fundo inclinado em forma de V.

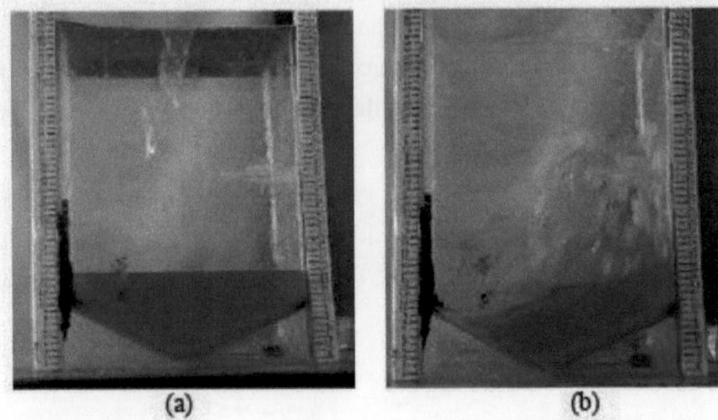

FIGURA 3.15 Fundo do talude em FORMA DE V com água normal (a) Antes da excitação (b) Durante a excitação.

3.7.1.1 Parâmetro de ensaio

O mesmo tanque foi ensaiado para diferentes profundidades com diferentes amplitudes em diferentes frequências de excitação. No quadro 3.2 são apresentados os parâmetros do TLD com fundo inclinado em forma de V.

QUADRO 3.2 Resultados paramétricos para o TLD de fundo inclinado em forma de V

Comprimento da água (b) cm	Profundidade da água (h)cm	Frequência da água(f_w)	Amplitude(A) mm	Frequência de excitação f_e	(Rácio de frequência ß ( ) Jw
30	4	2.253	5.0, 10.0, 20.0, 30.0	1.802,2.027,2.253,2.478,2.703,2.928	0.8, 0.9, 1.0,1.1,1.2,1.3
30	6	1.669	5.0, 10.0, 20.0, 30.0	1.335,1.502,1.669,1.835,2.002,2.169	0.8, 0.9, 1.0,1.1,1.2,1.3
30	9	1.231	5.0, 10.0, 20.0, 30.0	0.984,1.107,1.231,1.354,1.477,1.6	0.8, 0.9, 1.0,1.1,1.2,1.3
30	12	1.339	5.0, 10.0, 20.0, 30.0	1.071,1.205,1.339,1.472,1.606,1.740	0.8, 0.9, 1.0,1.1,1.2,1.3
30	15	1.405	5.0, 10.0, 20.0, 30.0	1.124,1.264,1.405,1.545,1.686,1.826	0.8, 0.9, 1.0,1.1,1.2,1.3

3.7.1.2 RESULTADOS DA EXPERIÊNCIA

As experiências são realizadas com uma profundidade de água variável (H= 6cm, 9cm, 12cm e 15cm) para diferentes amplitudes (A=5cm, 10cm, 15cm e 20cm) com o objetivo de estudar o comportamento entre o rácio da frequência de excitação e a força máxima de sloshing e a altura máxima de sloshing.

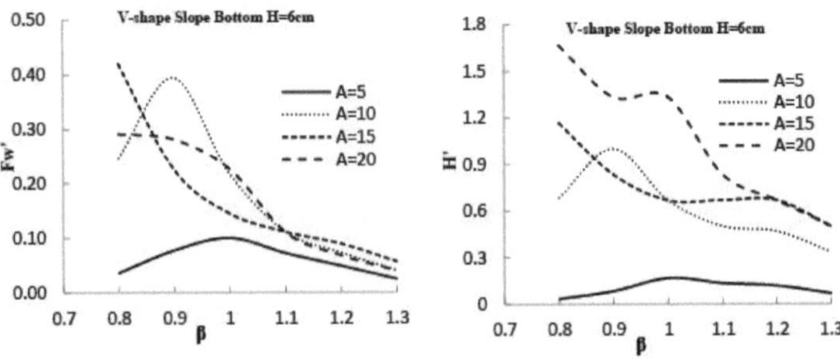

FIGURA 3.16 Para uma profundidade de água de 6 cm (a) Força máxima de sloshing versus razão de frequência de excitação (b) Altura máxima de sloshing versus razão de frequência de excitação.

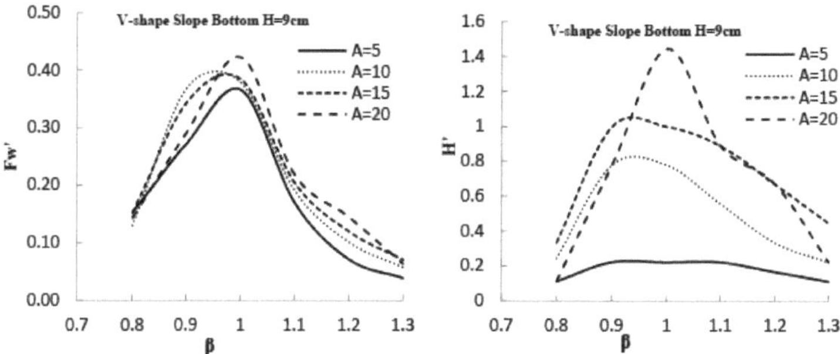

FIGURA 3.17 Para uma profundidade de água de 9 cm (a) Força máxima de sloshing versus razão de frequência de excitação (b) Altura máxima de sloshing versus razão de frequência de excitação.

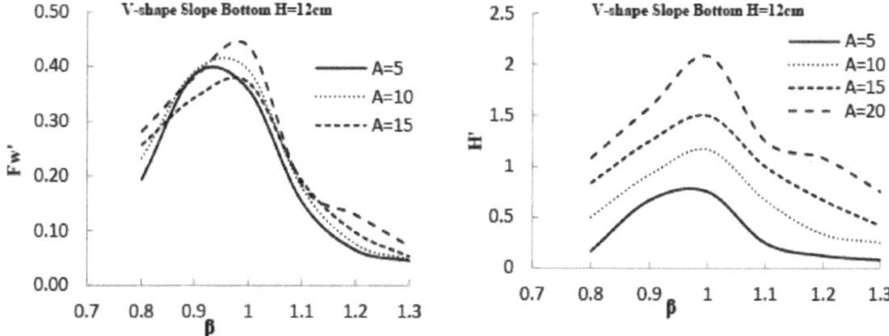

FIGURA 3.18 Para uma profundidade de água de 12 cm (a) Força máxima de sloshing versus razão de frequência de excitação (b) Altura máxima de sloshing versus razão de frequência de excitação.

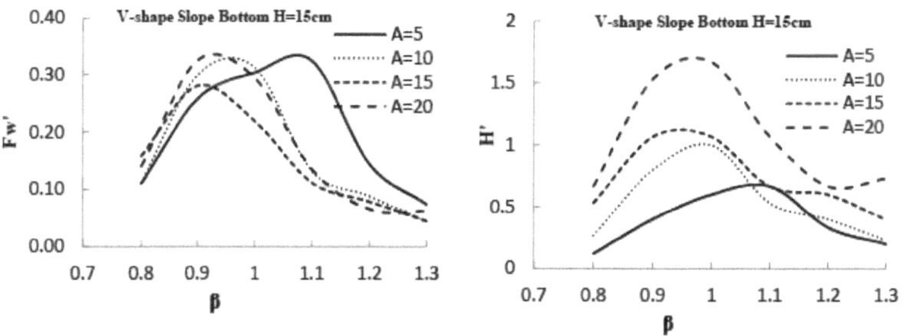

FIGURA 3.19 Para uma profundidade de água de 15 cm (a) Força máxima de sloshing versus razão de frequência de excitação (b) Altura máxima de sloshing versus razão de frequência de excitação.

3.7.2 FUNDO DE TALUDE EM FORMA DE V COM DENSIDADE VARIÁVEL (VD)

O TLD de fundo inclinado em forma de V com densidade variável foi testado para obter a sua eficiência. A Fig. 3.20 mostra o diagrama do fundo inclinado em forma de V para densidade variável.

Foram aqui utilizados os parâmetros de ensaio do fundo de talude em forma de V.

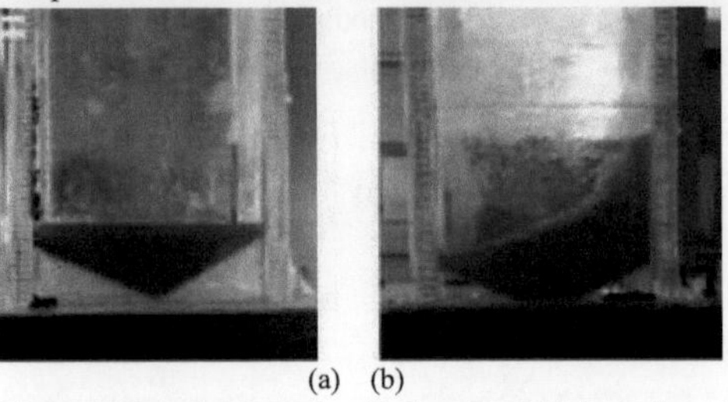

(a) (b)

FIGURA 3.20 Fundo de talude em forma de V com densidade variável (a) Antes da excitação (b) Durante a excitação.

3.7.2.1 RESULTADOS EXPERIMENTAIS

As experiências são realizadas com uma profundidade de água variável (H= 6cm, 9cm, 12cm e 15cm) para diferentes amplitudes (A=5cm, 10cm, 15cm e 20cm) com o objetivo de estudar o comportamento entre o rácio da frequência de excitação e a força máxima de sloshing e a altura máxima de sloshing.

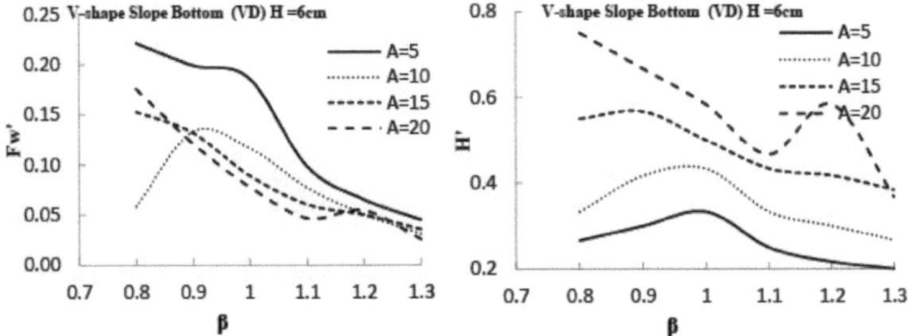

FIGURA 3.21 Para uma profundidade de água de 6 cm (a) Força de arrastamento máxima versus razão de frequência de excitação (b) Altura de arrastamento máxima versus razão de frequência de excitação.

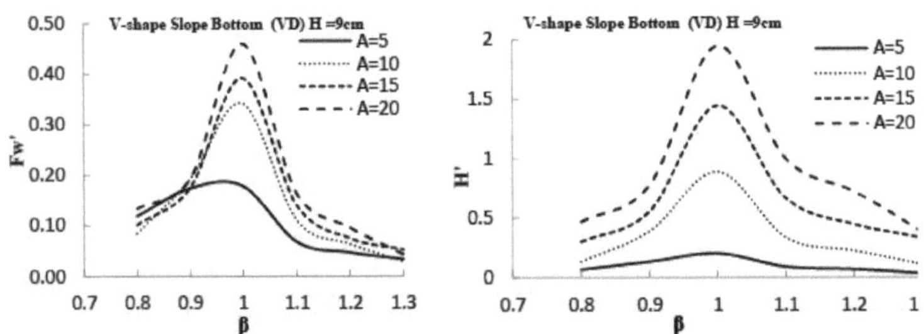

FIGURA 3.22 Para uma profundidade de água de 9 cm (a) Força de arrastamento máxima versus razão de frequência de excitação (b) Altura de arrastamento máxima versus razão de frequência de excitação.

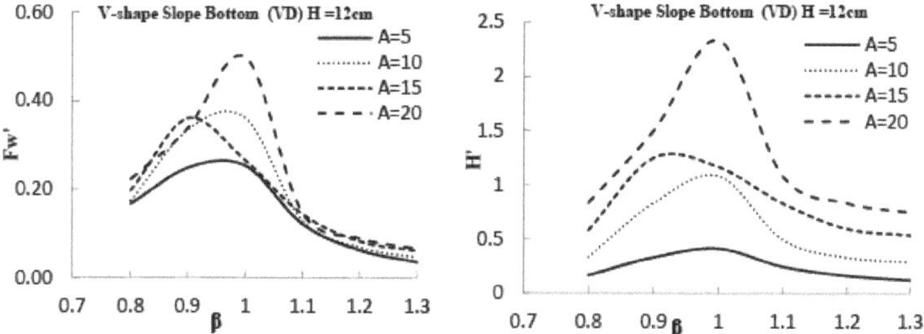

FIGURA 3.23 Para uma profundidade de água de 12 cm (a) Força máxima de sloshing versus rácio de frequência de excitação (b) Altura máxima de sloshing versus rácio de frequência de excitação.

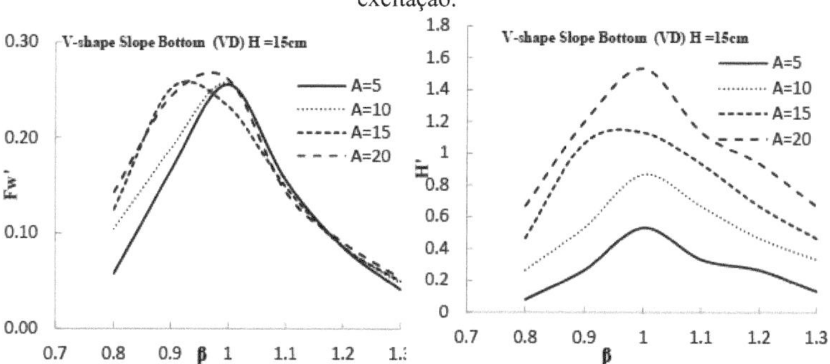

FIGURA 3.24 Para uma profundidade de água de 12 cm (a) Força máxima de sloshing versus razão de frequência de excitação (b) Altura máxima de sloshing versus razão de frequência de excitação.

3.7.3 FUNDO DE TALUDE EM FORMA DE W

O fundo inclinado em forma de W foi feito mantendo 30^0 de inclinação em relação à horizontal. Utilizou-se plexiglas de 5 mm de espessura para construir o tanque amortecedor. A frequência do líquido foi determinada utilizando a fórmula semelhante, usada durante o tanque de fundo inclinado em forma de V. A Fig. 3.25 mostra o diagrama do TLD de fundo inclinado em forma de W.

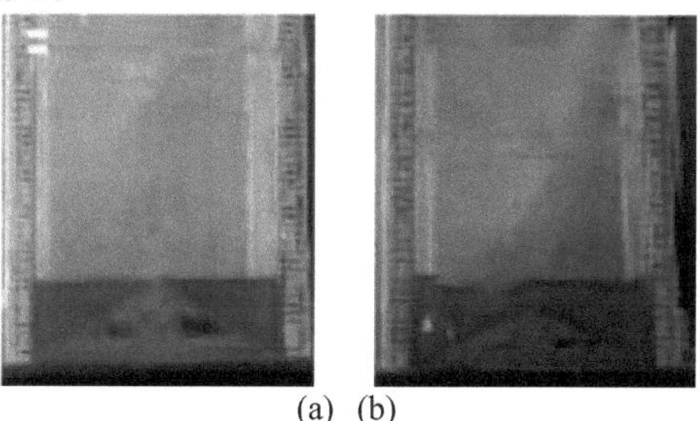

(a) (b)

FIGURA 3.25 Fundo do declive da forma W (a) Antes da excitação (b) Durante a excitação.

3.7.3.1 PARÂMETROS DE ENSAIO

O mesmo tanque foi ensaiado para diferentes profundidades com diferentes amplitudes em diferentes frequências de excitação. No quadro 3.3 são apresentados os parâmetros para o

TLD de fundo inclinado em forma de W, para o mesmo rácio de frequência de excitação acima referido.

TABELA 3.3 Resultados paramétricos para o TLD de fundo inclinado em forma de W

Comprimento da água(í) cm	Profundidade da água (h)cm	Frequência da água^)	Amplitude(A) mm	Frequência de excitação (/è)	Relação de frequência ß (-) *fw*
30	2	4.230	5.0, 10.0, 15.0, 20.0	0.8,0.9,1.0,1.1,1.2,1.3	3.384,3.807,4.23,4.653,5.067,5.499
30	4	3.167	5.0, 10.0, 15.0, 20.0	0.8,0.9,1.0,1.1,1.2,1.3	2.53,2.850,3.167,3.483,3.80,4.11
30	6	2.730	5.0, 10.0, 15.0, 20.0	0.8,0.9,1.0,1.1,1.2,1.3	2.184,2.45,2.73,3.003,3.27,3.549
30	9	1.231	5.0, 10.0, 15.0, 20.0	0.8,0.9,1.0,1.1,1.2,1.3	0.984,1.107,1.231,1.354,1.477,1.6
30	12	1.339	5.0, 10.0, 15.0, 20.0	0.8,0.9,1.0,1.1,1.2,1.3	1.071,1.205,1.339,1.472,1.606,1.740
30	15	1.405	5.0, 10.0, 15.0, 20.0	0.8,0.9,1.0,1.1,1.2,1.3	1.124,1.264,1.405,1.545,1.686,1.826

3.7.3.2 RESULTADOS EXPERIMENTAIS

As experiências são realizadas com uma profundidade de água variável (H= 6cm, 9cm, 12cm e 15cm) para diferentes amplitudes (A=5cm, 10cm, 15cm e 20cm) com o objetivo de estudar o comportamento entre o rácio da frequência de excitação e a força máxima de sloshing e a altura máxima de sloshing.

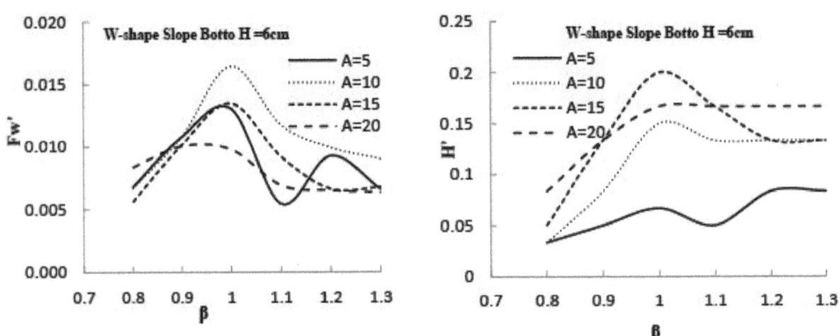

FIGURA 3.26 Para uma profundidade de água de 6 cm (a) Força máxima de sloshing versus rácio de frequência de excitação (b)
Altura máxima do efeito de arrastamento em função do rácio da frequência de excitação.

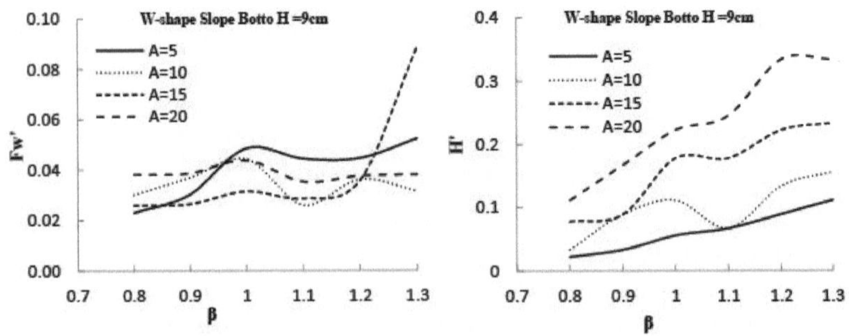

FIGURA 3.27 Para uma profundidade de água de 9 cm (a) Força máxima de sloshing versus rácio de frequência de excitação (b)
Altura máxima do efeito de arrastamento versus rácio da frequência de excitação.

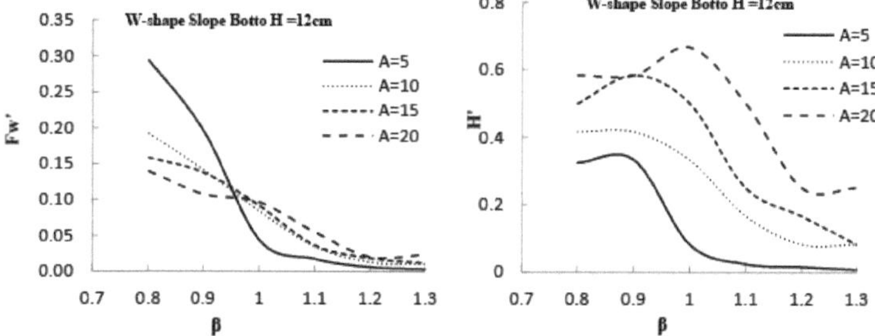

FIGURA 3.28 Para uma profundidade de água de 12 cm (a) Força máxima de sloshing versus razão de frequência de excitação (b) Altura máxima de sloshing versus razão de frequência de excitação.

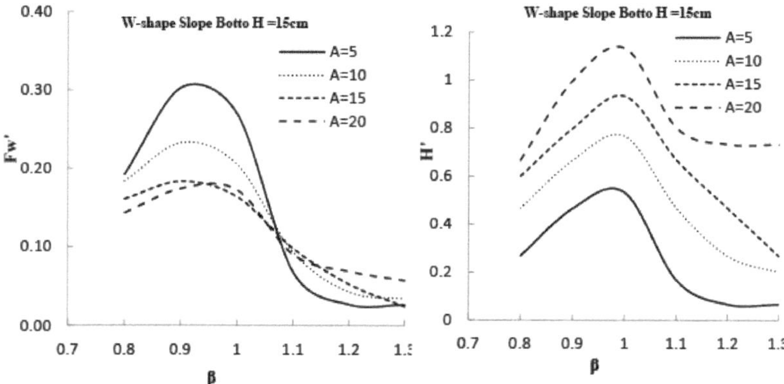

FIGURA 3.29 Para uma profundidade de água de 15 cm (a) Força máxima de sloshing versus razão de frequência de excitação (b)
Altura máxima do efeito de arrastamento versus rácio da frequência de excitação.

3.7.4 TLD DE FUNDO DE TALUDE EM FORMA DE U

A cuba de fundo inclinado em forma de U foi construída mantendo as mesmas dimensões das outras cisternas mencionadas nas secções anteriores. Para fazer a forma de U, o leito horizontal do fundo é mantido com 9 cm de comprimento no meio e, no lado, o fundo inclinado foi feito com 30^0 inclinações com a parede lateral. Os diagramas do fundo inclinado em forma de U antes e durante a excitação são apresentados na Fig.3.30.

A frequência da água foi obtida através de um procedimento semelhante ao utilizado para o fundo do talude em forma de V.

(a) (b)

FIGURA 3.30 Fundo do declive em forma de U (a) Antes da excitação (b) Durante a excitação.

3.7.4.1 PARÂMETROS DE ENSAIO

O mesmo reservatório foi ensaiado para diferentes profundidades com diferentes amplitudes e diferentes frequências de excitação. No quadro 4 são apresentados os parâmetros do fundo inclinado em U do tipo TLD. Os parâmetros do fundo inclinado em forma de U são apresentados no quadro 3.4.

QUADRO 3.4 Resultados paramétricos para o TLD de fundo de talude em forma de U

Comprimento da água (L) cm	Água r profundidade (h)c m	Frequência da água (Zw)	Amplitude (A) mm	Excitação Frequência (/e)	Jw Rácio de frequência ß (7-)
30	2	1.596	5.0, 10.0, 20.0, 30.0	0.8,0.9,1.0,1.1,1.2,1.3	1.276,1.436,1.596,1.755,1.915,2.074
30	4	1.474	5.0, 10.0, 20.0, 30.0	0.8,0.9,1.0,1.1,1.2,1.3	1.179,1.326,1.474,1.621,1.768,1.916
30	6	1.263	5.0, 10.0, 20.0, 30.0	0.8,0.9,1.0,1.1,1.2,1.3	1.010,1.136,1.263,1.384,1.515,1.641
30	9	1.231	5.0, 10.0, 20.0, 30.0	0.8,0.9,1.0,1.1,1.2,1.3	0.984,1.107,1.231,1.354,1.477,1.6
30	12	1.339	5.0, 10.0, 20.0, 30.0	0.8,0.9,1.0,1.1,1.2,1.3	1.071,1.205,1.339,1.472,1.606,1.740
30	15	1.405	5.0, 10.0, 20.0, 30.0	0.8,0.9,1.0,1.1,1.2,1.3	1.124,1.264,1.405,1.545,1.686,1.826

3.7.4.2 RESULTADOS EXPERIMENTAIS

As experiências são realizadas com uma profundidade de água variável (H= 6cm, 9cm, 12cm e 15cm) para diferentes amplitudes (A=5cm, 10cm, 15cm e 20cm) com o objetivo de estudar o comportamento entre o rácio da frequência de excitação e a força máxima de sloshing e a altura máxima de sloshing no lado da parede.

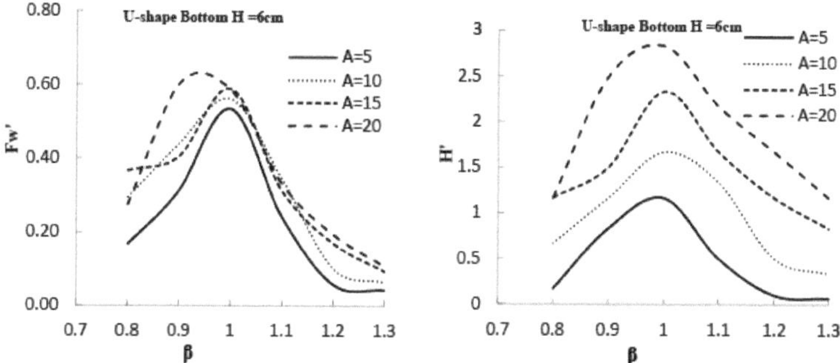

FIGURA 3.31 Para uma profundidade de água de 6 cm (a) Força máxima de sloshing versus razão de frequência de excitação (b) Altura máxima de sloshing versus razão de frequência de excitação.

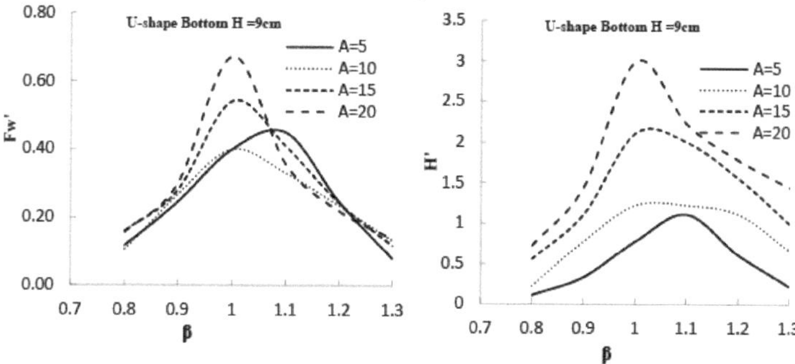

FIGURA 3.32 Para uma profundidade de água de 9 cm (a) Força máxima de sloshing versus razão de frequência de excitação (b) Altura máxima de sloshing versus razão de frequência de excitação.

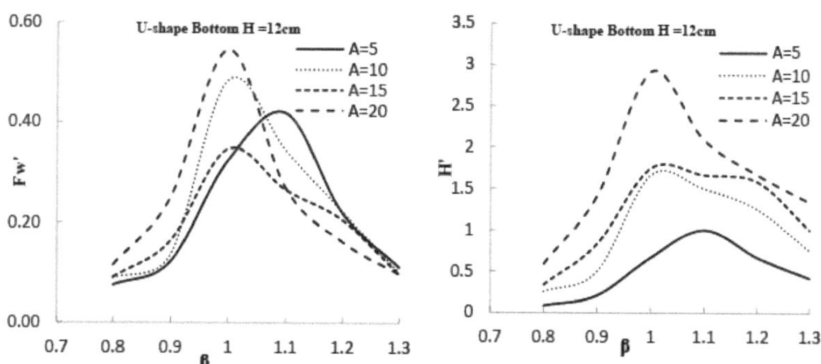

FIGURA 3.33 Para uma profundidade de água de 12 cm (a) Força máxima de sloshing versus rácio de frequência de excitação (b) Altura máxima de sloshing versus rácio de frequência de excitação.

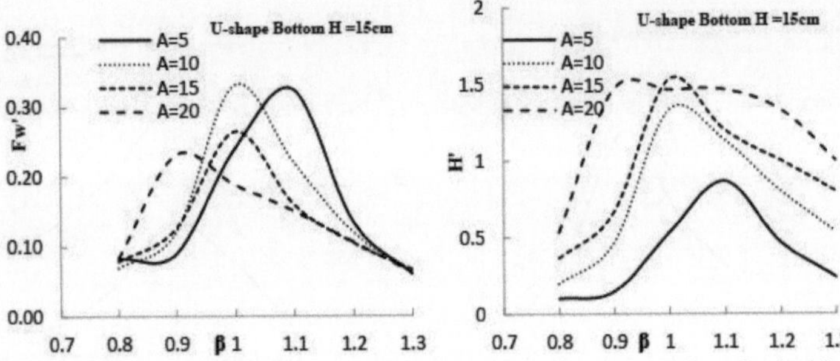

FIGURA 3.34 Para uma profundidade de água de 15 cm (a) Força máxima de sloshing versus rácio de frequência de excitação (b) Altura máxima de sloshing versus rácio de frequência de excitação.

3.7.4 FUNDO EM FORMA DE U COM DENSIDADE VARIÁVEL

Mantendo a densidade igual à densidade variável do tipo fundo plano no mesmo reservatório do TLD de fundo inclinado em forma de U acima referido, é efectuada uma série de experiências na mesa de agitação.

Foram aqui utilizados os parâmetros de ensaio do fundo do talude em forma de U. A Fig.3.35 mostra a forma de U
TLD de fundo inclinado para antes e durante a excitação.

FIGURA 3.35 Fundo em forma de U com densidade variável (a) Antes da excitação (b) Durante a excitação.

3.7.4.1 RESULTADOS EXPERIMENTAIS

As experiências são realizadas com uma profundidade de água variável (H= 6cm, 9cm, 12cm e 15cm) para diferentes amplitudes (A=5cm, 10cm, 15cm e 20cm) com o objetivo de estudar o comportamento entre o rácio da frequência de excitação vs. a força máxima de sloshing e a altura máxima de sloshing no lado da parede.

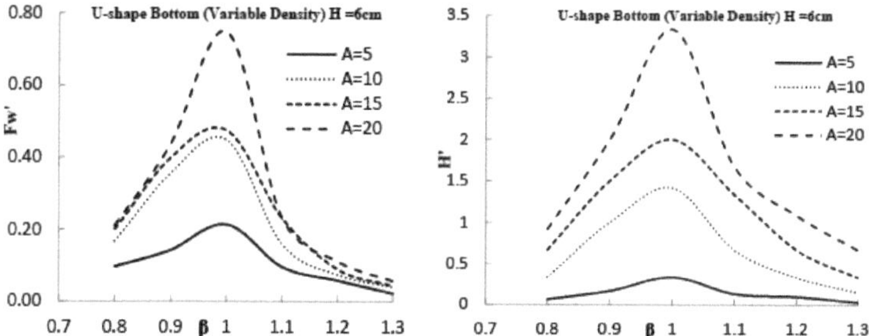

FIGURA 3.36 Para uma profundidade de água de 6 cm (a) Força máxima de sloshing versus razão de frequência de excitação (b) Altura máxima de sloshing versus razão de frequência de excitação.

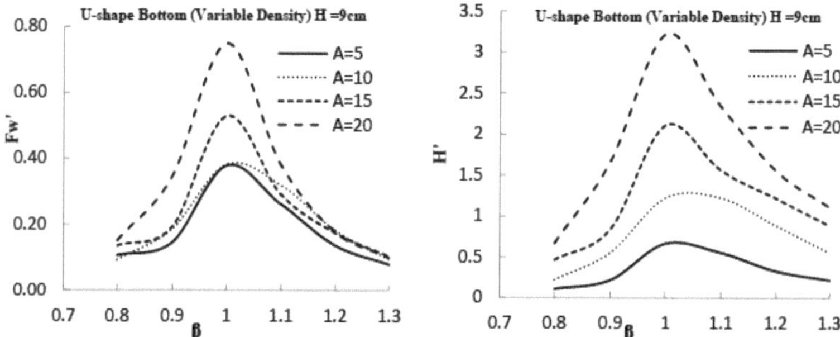

FIGURA 3.37 Para uma profundidade de água de 9 cm (a) Força máxima de sloshing versus rácio de frequência de excitação (b) Altura máxima de sloshing versus rácio de frequência de excitação.

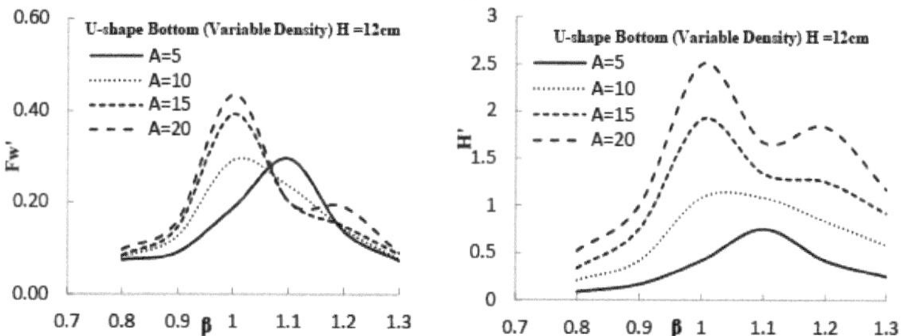

FIGURA 3.38 Para uma profundidade de água de 12 cm (a) Força máxima de sloshing versus razão de frequência de excitação (b) Altura máxima de sloshing versus razão de frequência de excitação.

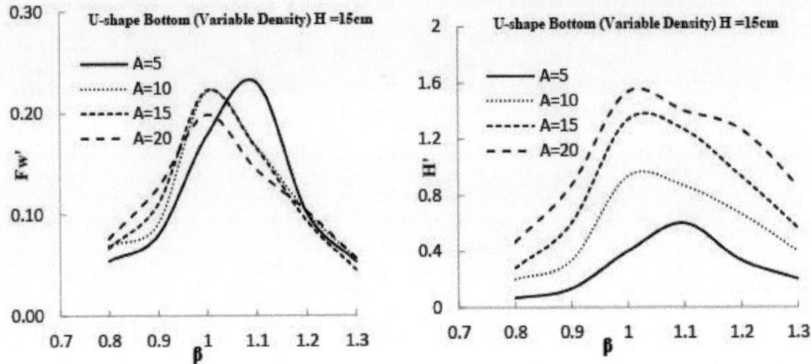

FIGURA 3.39 Para uma profundidade de água de 15 cm (a) Força máxima de sloshing versus razão de frequência de excitação (b) Altura máxima de sloshing versus razão de frequência de excitação.

3.8 RESULTADOS E DISCUSSÃO

O presente capítulo, que trata de estudos sobre diferentes variações paramétricas, conduz aos seguintes resultados.

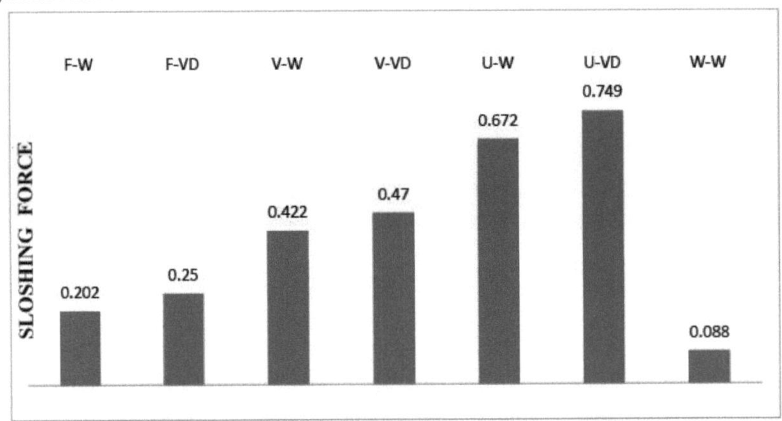

FIGURA 3.40 Diagrama de fluxo da força de sloshing de TLDs.

A Figura 3.40 representa a força de arrastamento gerada na parte lateral da parede, em que F-W representa a força para o fundo plano do tipo TLD, F-VD representa a força de arrastamento para o fundo plano com densidade variável, V-W mostra a força do fundo inclinado em forma de V com água normal, enquanto V-VD mostra a força de arrastamento para o fundo inclinado em forma de V com densidade variável, U-W para o fundo inclinado em forma de U com água normal, U-VD para a forma de U com densidade variável, W-W é a forma de W com água normal. As conclusões do estudo acima referido são apresentadas de seguida

3.8.1 TIPO DE TLD DE FUNDO PLANO

1. O TLD de fundo plano funciona eficazmente com uma relação de profundidade de 0,2 a 0,4.
2. Quando a frequência de excitação é próxima da frequência fundamental de sloshing da

água, a altura de sloshing e as forças de sloshing atingem o valor máximo.

3. Com o aumento da amplitude de excitação, os parâmetros dimensionais Fw' e H' aumentam.

4. O TLD com um rácio de profundidade da água mais elevado não é tão sensível como o de rácios de profundidade da água baixos .

5. O rácio de profundidade de 0,3 é a profundidade de água ideal.

3.8.2 TLD DE TIPO FUNDO PLANO COM DENSIDADE VARIÁVEL

1. A sua força de arrastamento é superior à do TLD de fundo plano com água.
2. A água faz mais barulho do que o TLD com água.
3. A circulação da água pode ser atenuada através do aumento da densidade.
4. O comportamento do movimento contínuo das ondas pode ser minimizado.

6. Com o aumento da amplitude de excitação, os parâmetros não dimensionais Fw' e H' também aumentam.

7. O TLD com um rácio de profundidade da água mais elevado não é tão sensível ao slosh como o que tem rácios de profundidade da água baixos.

8. Também é eficaz a partir de ($^{+}$ /) 5 off tuning condition.

3.8.3 TIPO DE FUNDO INCLINADO EM FORMA DE V DE TLD COM ÁGUA

1. O TLD de fundo inclinado proporciona maior altura e força de arrastamento do que o de fundo plano.
2. Uma maior massa de água move-se na mesma frequência com a mesma amplitude do que o tipo de TLD de fundo plano.
3. O problema do batimento pode ser atenuado, em certa medida, com o fundo inclinado do TLD.
4. É eficaz desde a unidade até um pouco mais alto do que a unidade.

3.8.4 TIPO DE FUNDO DE TALUDE EM FORMA DE V DE TLD COM DENSIDADE VARIÁVEL

1. O TLD com fundo inclinado dá uma altura e uma força de arrastamento mais elevadas do que o mesmo tipo de reservatório com água simples.
2. O movimento dos líquidos torna-se mais linear.
3. O problema do batimento é quase possível de ser reduzido.
4. O problema da circulação da água pode ser completamente eliminado.

3.8.5 TIPO DE FUNDO INCLINADO EM FORMA DE W DE TLD COM ÁGUA

1 Não vale a pena aprofundar os rácios

4 As ondas de sloshing estão a circular mesmo a baixa frequência.

3. A força de arrastamento é menor no lado da parede.

3.8.6 TIPO DE FUNDO DE TALUDE EM U DE TLD COM ÁGUA

1. O melhor resultado encontrado com este tipo de declives.
2. Observa-se que a força de arrastamento e as alturas de água são maiores em comparação com os TLDs em forma de V e em forma de W.
3. Consequentemente, a dissipação de energia deste depósito é superior à de outros tipos.
4. O movimento ondulatório estabelecido diminui com a cessação da frequência de excitação.

3.8.7 TIPO DE FUNDO DE TALUDE EM FORMA DE U DE TLD COM DENSIDADE VARIÁVEL

O fundo do talude em U com o tipo de TLD de densidade variável dá melhores resultados (no que respeita à atenuação dos inconvenientes relacionados com os tipos tradicionais de TLD) do que todos os outros tipos de TLD considerados no presente estudo.

3.9 CONCLUSÃO

Neste capítulo, foi introduzida a primeira fase do projeto. Foram apresentados os resultados experimentais dos sete TLD. Verificou-se que a eficácia do TLD aumenta com a utilização de um líquido de densidade variável em comparação com a água normal. Comparando todos os TLDs apresentados neste capítulo, o TLD em forma de U com densidade variável dá o melhor resultado

do que todos os outros tipos de TLD considerados no presente estudo.

3.9 CONCLUSÃO

Neste capítulo, foi introduzida a primeira fase do projeto. Foram apresentados os resultados experimentais dos sete TLD. Verificou-se que a eficácia do TLD aumenta com a utilização de

um líquido de densidade variável em comparação com a água normal. Comparando todos os TLDs apresentados neste capítulo, o TLD em forma de U com densidade variável dá o melhor resultado

CAPÍTULO 4

DESEMPENHO DE UM MODELO DE EDIFÍCIO DE 3 ANDARES COM ESTRUTURA EM RC E TLD

4.1 INTRODUÇÃO

Este capítulo apresenta investigações experimentais sobre o desempenho de um modelo de estrutura de betão armado RC à escala real com e sem TLD de dois tipos. Os materiais utilizados no modelo são o betão M20 (proporção 1:1,5:3), os varões Fe 415 e Fe 250. O modelo de edifício foi sujeito a uma excitação harmónica utilizando uma mesa vibratória. Foi efectuada uma série de ensaios dinâmicos com diferentes gamas de frequência. Este capítulo destaca a eficácia dos TLDs na atenuação da resposta de edifícios reais.

4.2 DESCRIÇÃO DO MATERIAL DE LABORATÓRIO UTILIZADO

(i) MESA VIBRATÓRIA UNIDIRECCIONAL

A mesa de agitação consiste numa plataforma deslizante de aço de 1m x 1m que é acionada por um motor elétrico. A plataforma deslizante desliza sobre rolamentos de canal de baixo atrito que estão montados em dois veios montados no solo. Para fixar o modelo na mesa de vibrações, a plataforma foi montada com 36 orifícios com um intervalo de 160 mm em ambas as direcções. As frequências de funcionamento da mesa de vibrações variam entre 0 Hz e 6 Hz. O deslocamento máximo da mesa é de ±50 mm (ajustável manualmente). A carga útil máxima é de 3000 kg. A mesa é capaz de produzir movimentos harmónicos simples. A frequência de excitação do agitador pode ser controlada por meio de um painel de controlo. A Fig. 4.1 apresenta uma fotografia da mesa de agitação.

FIGURA 4.1 Mesa de agitação

(ii) SISTEMA DE AQUISIÇÃO DE DADOS (MULTICANAL)

O sistema de aquisição de dados multifunções (DAQ) é utilizado para obter medições de grandezas físicas utilizando sensores e transdutores. Consiste numa placa PCI AID de 8 canais, etc. Estas medições podem ser de temperatura, pressão, vento, distância, aceleração, etc. Nas aplicações de engenharia civil, os tipos mais comuns de sensores medem o deslocamento, a aceleração, a força e a deformação. Nesta experiência, vamos utilizar sensores de acelerómetro com um cabo de 2 m e acessórios de 4 unidades. O Acelerómetro Dinâmico é utilizado para medir a aceleração da estrutura. Figura 4.4 Fotos dos componentes do sistema de aquisição de dados, que inclui sensores, dispositivos de condicionamento de sinal, cabos que ligam os vários dispositivos ao acelerómetro, software de programação e PC.

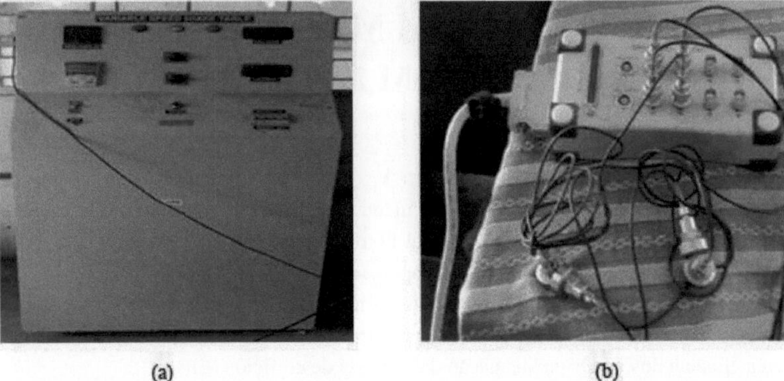

(a) (b)

FIGURA 4.2 (a) Painel de controlo da mesa vibratória (b) Acelerómetro DESCRIÇÃO DO EDIFÍCIO PROTÓTIPO

Para a investigação experimental do desempenho do edifício, foi considerado um edifício com estrutura RC de 3 andares. Para efeitos de modelação, foi tomado um quarto da planta (representado como retângulo a tracejado na Fig. 4.3). A escala utilizada na modelação foi de %.

QUADRO 4.1 Dimensões do edifício protótipo

Elemento	Comprimento (m)	Largura (m)	Espessura (m)	Nos.	N.º de pisos
Laje	3.27	3.27	0.1	3	
coluna	2.8	0.3	0.3	12	
Feixe	2.65	0.25	0.3	12	3
Enchimento	2.5	2.35	0.125	12	
Viga de ligação	2.35	0.2	0.2	4	

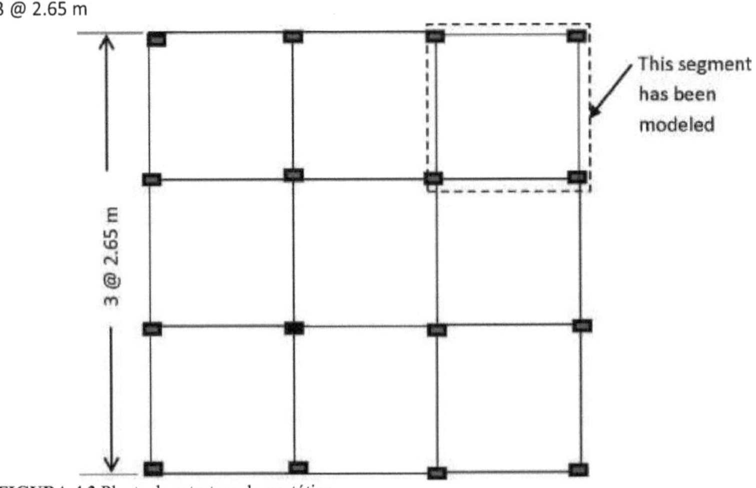

FIGURA 4.3 Planta da estrutura do protótipo.

4.3 DESCRIÇÃO DO MODELO DO EDIFÍCIO

Devido às restrições de tamanho e capacidade da mesa de agitação, o modelo do edifício foi feito com escalas de %. De acordo com Buckingham 1914, como o módulo de elasticidade e a densidade do material no protótipo e no modelo são os mesmos, só é permitida a escala do comprimento.

As dimensões das secções das vigas, dos pilares e das lajes para o modelo reduzido são indicadas no Quadro 4.2. A Fig. 4.4 mostra a pormenorização do CCR e a vista fotográfica da estrutura antes do ensaio. As armaduras utilizadas foram as de aço macio com 6 mm, 2 mm e 3,5 mm de diâmetro. Para o aço dos pilares, foram utilizados varões de 8 mm de diâmetro (HYSD). A armadura da laje é constituída por varões de 3,5 mm de diâmetro a uma taxa de 25 mm c/c. Os estribos das vigas e os tirantes dos pilares são mantidos com fios de 2 mm @ 25 mm c/c para 1/4 do comprimento em ambas as extremidades da viga e a parte intermédia é constituída por barras de 2 mm @ com 37,5 mm c/c.

O projeto foi realizado com base nas orientações fornecidas pelo código (IS 456: 2000) sem considerações sísmicas.

QUADRO 4.2 Dimensões do modelo de construção

Particularidades	Comprimento do modelo (m)	Largura do modelo (m)	Espessura do modelo (m)	Não.
Laje	0.82	0.82	0.025	3
Coluna	0.7	0.075	0.075	12
Feixe	0.66	0.063	0.075	12
Enchimento	0.63	0.59	0.031	12
Viga de ligação	0.59	0.05	0.05	4

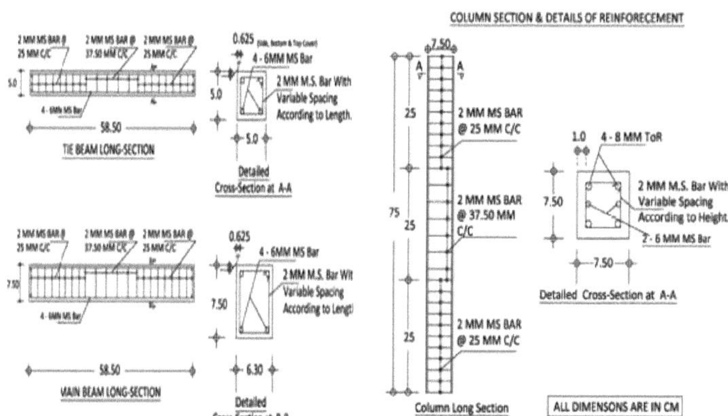

FIGURA (a) Esquema da secção da viga. FIGURA (b) Esquema da secção do pilar.

FIGURA (c) Reforço da laje. FIGURA (d) Modelo do edifício antes do ensaio

4.4 REQUISITOS DE SIMILITUDE

4.5.1 ESCALONAMENTO DE DIMENSÃO LINEAR

Como mencionado anteriormente, devido às limitações da mesa de agitação, foi utilizado um fator de escala linear de $S_L = 4$. Assim, a altura dos pisos foi reduzida de 2,8 m para 0,7 m, e a largura da baía foi reduzida de 2,65 m para 0,6 m (Buckingham 1914). Da mesma forma, todas as dimensões do edifício protótipo apresentadas no Quadro 4.1 foram reduzidas em 1/4 para o edifício modelo, e são apresentadas no Quadro 4.2.

4.5.2 ESCALONAMENTO DE MATERIAIS

A resistência do betão do edifício de ensaio foi considerada igual à do edifício protótipo. A resistência caraterística do aço foi utilizada em 250 MPa para a laje e as vigas e em 415 MPa para as barras longitudinais do pilar. O agregado de 20 mm do protótipo foi reduzido para 6 mm para a moldagem do modelo. A mistura de betão utilizada para a relação de 1:1,5:3 com uma relação água-cimento de 0,45. A resistência média do betão para a mistura foi de 28,6 N/mm^2.

As dimensões das barras de aço utilizadas foram 250 N/mm^2 e 415 N/mm^2 para o pilar. Assim

$$S_{FS} = \frac{415}{250} = 1.66. \qquad (4.1)$$

Em que S_{FS} define o fator de escala do material para o aço, é o rácio entre o limite de elasticidade especificado para o aço no protótipo e o do modelo.

4.5.3 ESCALONAMENTO DA ÁREA DE ARMADURA

De acordo com os requisitos de similitude (Sabnis et al. 1983), a área de armadura do modelo necessária para fornecer a força de cedência do varão à escala é calculada como

$$A_m = \frac{A_p}{S_{FS} S_L^2} \qquad (4.2)$$

Onde A_m define a área de armadura para o edifício modelo, A_p representa a área de armadura do edifício protótipo, SLé *o* fator de escala.

A área de reforço do modelo foi reduzida de acordo com a Eq. (4.2), embora não tenha sido possível efetuar um escalonamento perfeito devido ao tamanho do reforço disponível no mercado.

4.5.4 ESCALONAMENTO DE MASSA

Uma vez que a densidade e o módulo de elasticidade do betão no protótipo e no modelo eram essencialmente iguais, seguiu-se uma abordagem de simulação de massa sugerida por Quintana-Gallo *et al.* (2010) e Morcarz *et al.* (1981). A massa de inércia adicional ao nível do i^{o} piso do edifício modelo, ΔM, correspondente a uma massa unitária no protótipo é dada por

$$\Delta M_i = \frac{1}{S_L^2}\left(1 - \frac{1}{S_L}\right) \tag{4.3}$$

Por conseguinte, por cada tonelada de massa localizada num nível de piso da estrutura do protótipo, devem ser aplicadas 0,0468 toneladas de massa no nível de piso correspondente da estrutura do protótipo. No entanto, estes critérios não puderam ser utilizados devido às restrições de capacidade da mesa de agitação. Por isso, a quantidade de massas foi utilizada de modo a que a frequência do edifício pudesse ser comprada para a gama desejável de sintonização com o TLD.

4.5.5 COMENTÁRIO SOBRE A SIMILITUDE

Devido às limitações da mesa de agitação disponível no departamento, não foi possível efetuar uma simulação completa da massa.

4.5 DOSEAMENTO DE TLD

4.6.1 PARÂMETROS DO TLD

Os parâmetros dos TLD foram discutidos no Capítulo 1, secção 1.4.5.

4.6.2 CONCEPÇÃO DO TLD

Para projetar o TLD, é necessário conhecer a frequência do primeiro modo do modelo de construção. Esta frequência foi determinada através da agitação do modelo em vibração livre. Para projetar o TLD, foram seguidos os seguintes passos

1. A frequência estrutural f_s é determinada através de um ensaio de vibração livre.
2. Na segunda etapa, foram considerados os rácios de sintonia (± 0,05 fora de sintonia) com a frequência natural do edifício. (Para um rácio de sintonização igual à unidade, a frequência estrutural e a frequência de sloshing (f_w) devem coincidir. Para condições de desafinação, pode ser maior ou menor do que a unidade).
3. Em seguida, foi selecionada a relação "Δ" entre a profundidade da água e o comprimento do reservatório do TLD.
4. Depois de fixar o rácio de afinação e o rácio de profundidade, o comprimento necessário do tanque, (L), e a profundidade da água h , foram calculados utilizando a equação de Lamb (1932).
5. Em seguida, para calcular a largura do tanque, há duas maneiras possíveis de descobrir a largura, dependendo dos requisitos. Se os TLDs estiverem a ser concebidos para a excitação bidirecional, a largura pode ser considerada igual ao comprimento do tanque. Por exemplo, se as frequências da estrutura nas duas direcções ortogonais forem idênticas. Por outro lado, se os TLDs forem projectados apenas para excitação unidirecional, a largura do reservatório pode ser determinada utilizando a relação de massa selecionada.
6. A massa de água num tanque foi calculada m_w, a partir da expressão m_w= pLbh, em que p é a densidade da massa de água. E L comprimento da viga, b largura da viga, h é a altura da água.

7. Finalmente, depois de considerar o rácio de massa "μ", foi calculado o número N de reservatórios necessários a partir de $N=\frac{\mu m_s}{m_w}$, em que m_s é a massa da estrutura.

8. A área do piso disponível no topo da estrutura deve ser determinada para verificar se o espaço necessário para o número N de cisternas existe ou não. Se a área disponível for inferior, deve ser determinado o número de cisternas que caberiam na área disponível e o rácio de massa disponível necessário para determinar.

Utilizando o procedimento acima descrito, foram selecionadas as seguintes dimensões para o TLD, como indicado no quadro 4.3.

QUADRO 4.3 Pormenores das dimensões do TLD e informações conexas

Líquido no tanque	Tamanho do reservatório	Massa estrutural	Massa Rácio	Profundidade de Água	Frequência de sloshing
Água	Comprimento=19cm Largura=15cm	620 kg com massa adicional	2%	10 mm	1.950Hz
Solução de açúcar-água para 1,3 g/cc			3%	14 mm	2,05Hz

Nota: O peso total do modelo de construção, incluindo a massa adicional, é de 620 kg, pelo que, de acordo com as dimensões do reservatório acima referidas, o total de 4 números foi mantido para estudo posterior.

FIGURA 4.5 4 números de TLD.

4.8 PROGRAMA EXPERIMENTAL

A fim de investigar a possibilidade de utilizar TLD com densidade variável para reduzir a resposta estrutural, foi efectuada uma série de ensaios dinâmicos para um modelo estrutural com e sem TLD. A Figura 4.6 mostra uma disposição da estrutura sobre uma mesa vibratória unidirecional. A mesa de vibrações está disposta de modo a impor movimentos horizontais à estrutura. A frequência de excitação necessária é regulada por meio de um painel de controlo.

Seguem-se as etapas envolvidas na experiência:

(i) MEDIÇÃO DO PERÍODO NATURAL DO MODELO

O modelo do edifício foi excitado em vibração livre e a resposta do modelo foi registada através do sistema de aquisição de dados. O período de tempo é o intervalo de tempo entre dois picos consecutivos.

(ii) AJUSTAMENTO DA FREQUÊNCIA NATURAL DO MODELO

Após o cálculo da frequência fundamental, foi acrescentada alguma massa adicional nos pisos do modelo para ajustar a frequência de modo a corresponder à frequência do TLD.

(iii) RESPOSTA DO MODELO DE EDIFÍCIO SEM TLD

O modelo foi testado em três gamas de frequências constantes de 1,9 Hz, 2 Hz e 2,1 Hz sem TLD, aplicando uma excitação harmónica através de uma mesa de agitação e mantendo o deslocamento (±)30 mm constante. A resposta de aceleração foi registada através de um sistema de aquisição de dados.

(iv) RESPOSTA DO MODELO DE EDIFÍCIO COM TLD

Nesta fase, o ensaio foi efectuado para o mesmo modelo na mesma gama de frequências, incorporando TLD de 2% e 3% de razão mássica (desfasamento de ±0,05).

Foram efectuados ensaios utilizando o TLD com um líquido de densidade variável, utilizando uma solução de açúcar-água com uma concentração de 1,3 gm/cc para o mesmo rácio de massa e gama de frequências acima mencionados.

As respostas estruturais em três pisos foram registadas pelo sistema de aquisição de dados.

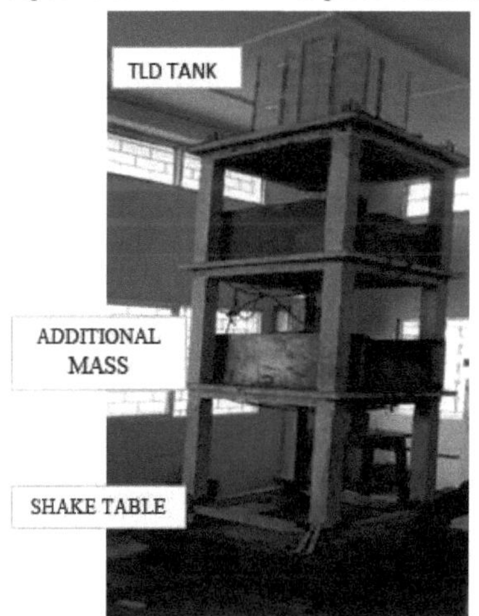

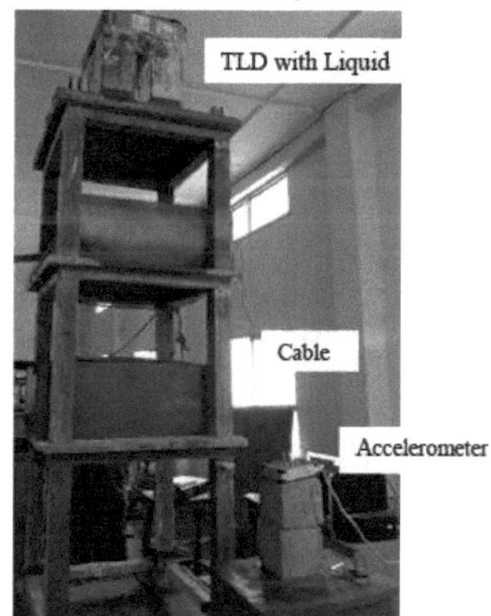

FIGURA4.6 Diagrama esquemático da instalação experimental.

4.9 RESULTADOS EXPERIMENTAIS

As figuras seguintes mostram os resultados da redução da resposta de aceleração do modelo de edifício com e sem TLD.

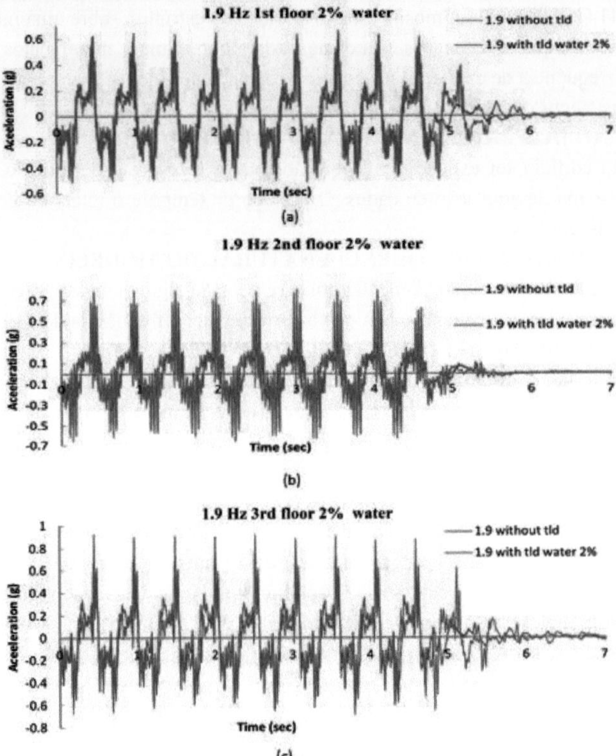

FIGURA 4.7 Efeito de absorção de vibrações no edifício modelo utilizando TLD de μ 2% com água para f_e = 1,9 HZ (a) Gráfico de resposta do 1st piso, (b) Gráfico de resposta do 2nd piso (c) Gráfico de resposta do 3rd piso.

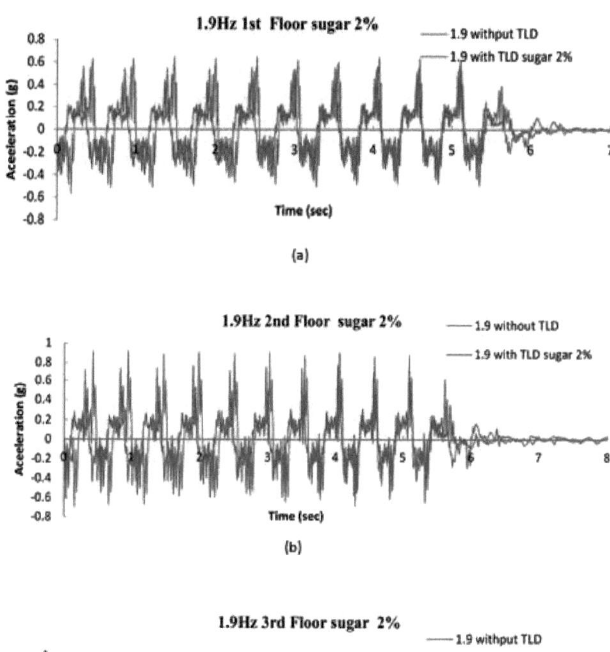

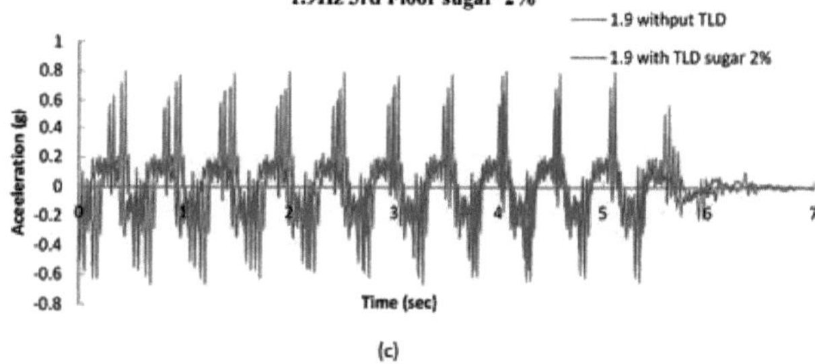

FIGURA 4.8 Efeito de absorção de vibrações no edifício modelo utilizando TLD de μ 2% com açúcar para f_e = 1,9 HZ (a) Gráfico de resposta do 1st piso, (b) Gráfico de resposta do 2nd piso (c) Gráfico de resposta do 3rd piso.

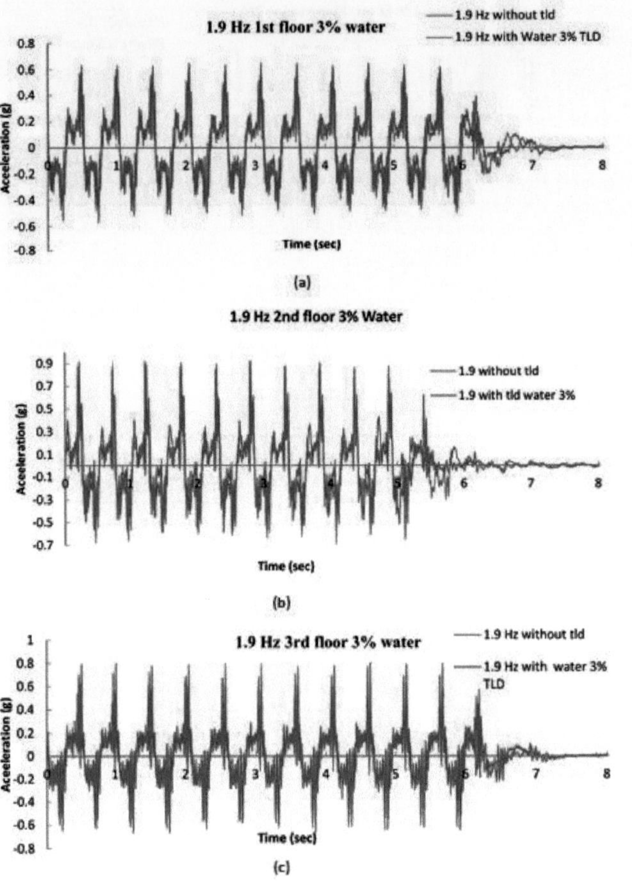

FIGURA 4.9 Efeito de absorção de vibrações no edifício modelo utilizando TLD de μ 3% com água para f_e = 1,9 HZ (a) Gráfico de resposta do 1st piso, (b) Gráfico de resposta do 2nd piso (c) Gráfico de resposta do 3rd piso.

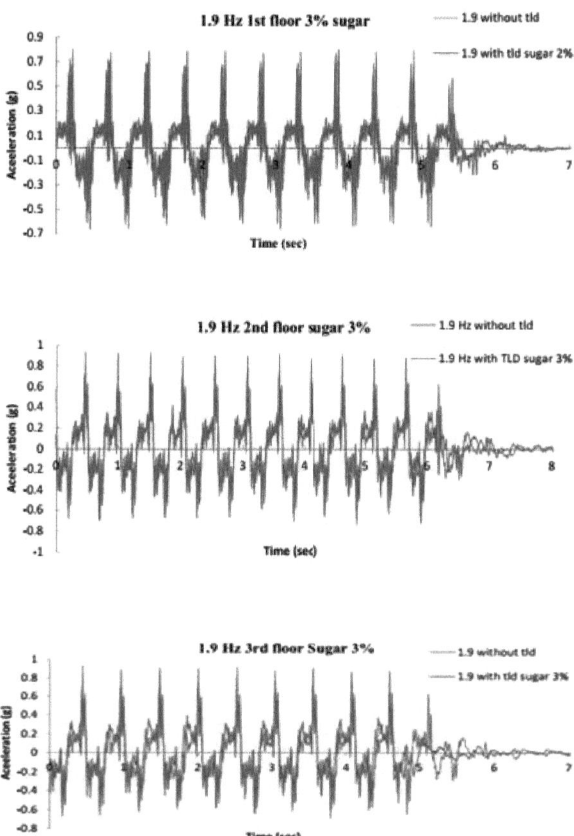

FIGURA 4.10 Efeito de absorção de vibrações no edifício modelo utilizando TLD de μ 3% com açúcar para f_e = 1,9 HZ (a) Gráfico de resposta do 1st piso, (b) Gráfico de resposta do 2nd piso (c) Gráfico de resposta do 3rd piso.

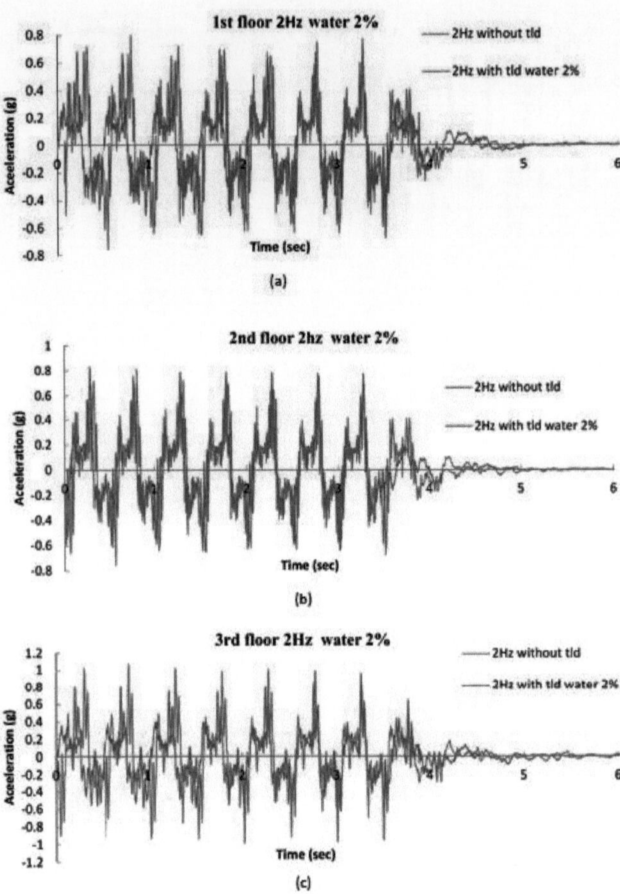

FIGURA 4.11 Efeito de absorção de vibrações no edifício modelo utilizando TLD de µ 2% com água para f_e = 2,0 HZ (a) gráfico de resposta do 1st piso, (b) gráfico de resposta do 2nd piso (c) gráfico de resposta do 3rd piso.

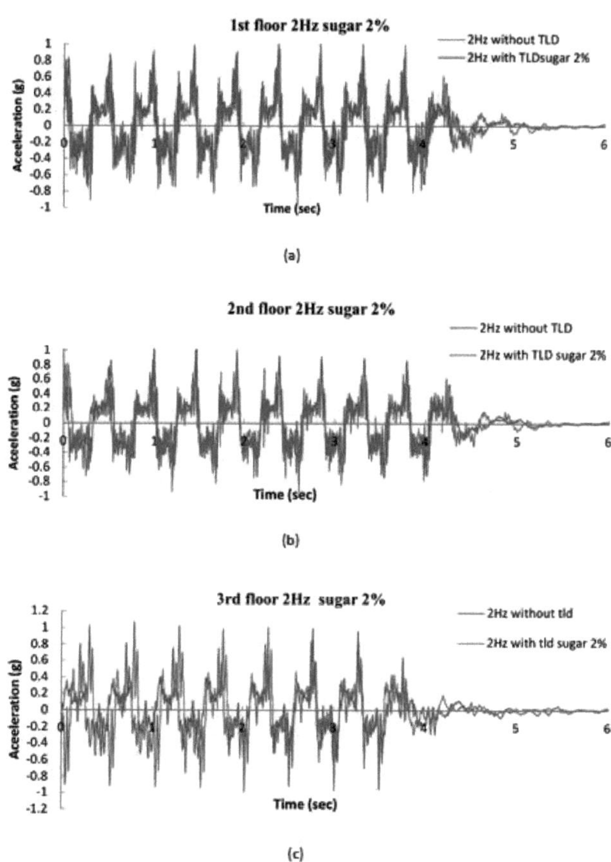

FIGURA 4.12 Efeito de absorção de vibrações no edifício modelo utilizando TLD de µ 2% com açúcar para f_e = 2,0 HZ (a) Gráfico de resposta do 1st piso, (b) Gráfico de resposta do 2nd piso (c) Gráfico de resposta do 3rd piso.

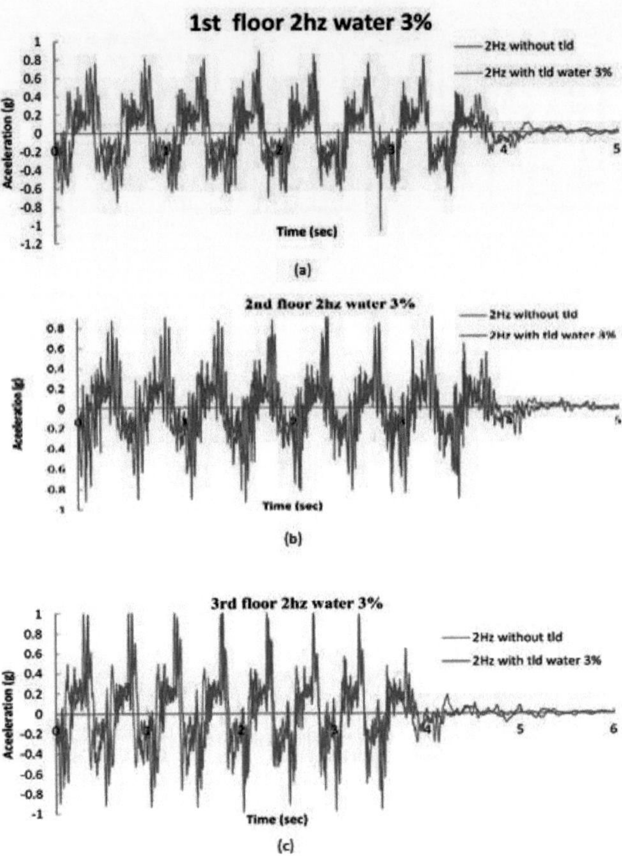

FIGURA 4.13 Efeito de absorção de vibrações no edifício modelo utilizando TLD de µ 3% com água para f_e = 2,0 HZ (a) gráfico de resposta do 1st piso, (b) gráfico de resposta do 2nd piso (c) gráfico de resposta do 3rd piso.

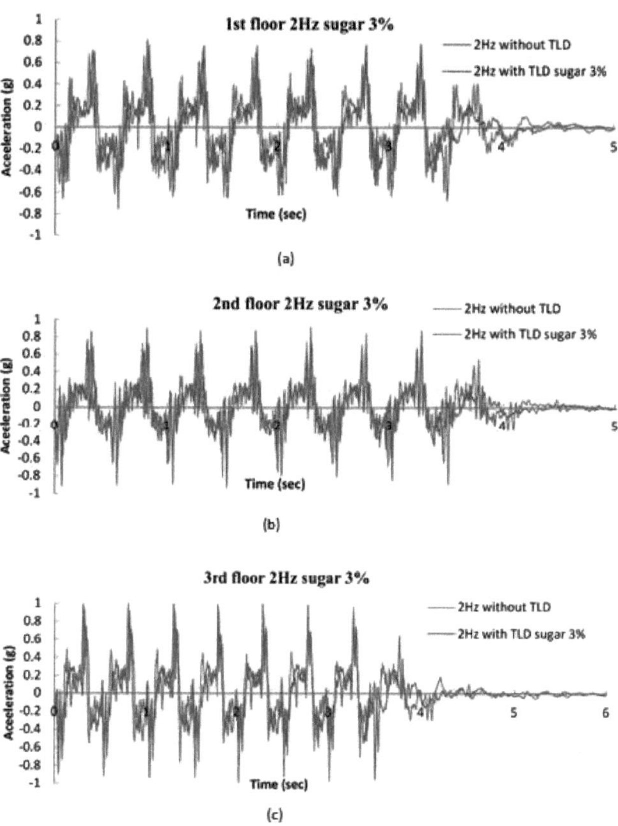

FIGURA 4.14 Efeito de absorção de vibrações no edifício modelo utilizando TLD de μ 3% com açúcar para f_e = 2,0 HZ (a) Gráfico de resposta do 1st piso, (b) Gráfico de resposta do 2nd piso (c) Gráfico de resposta do 3rd piso.

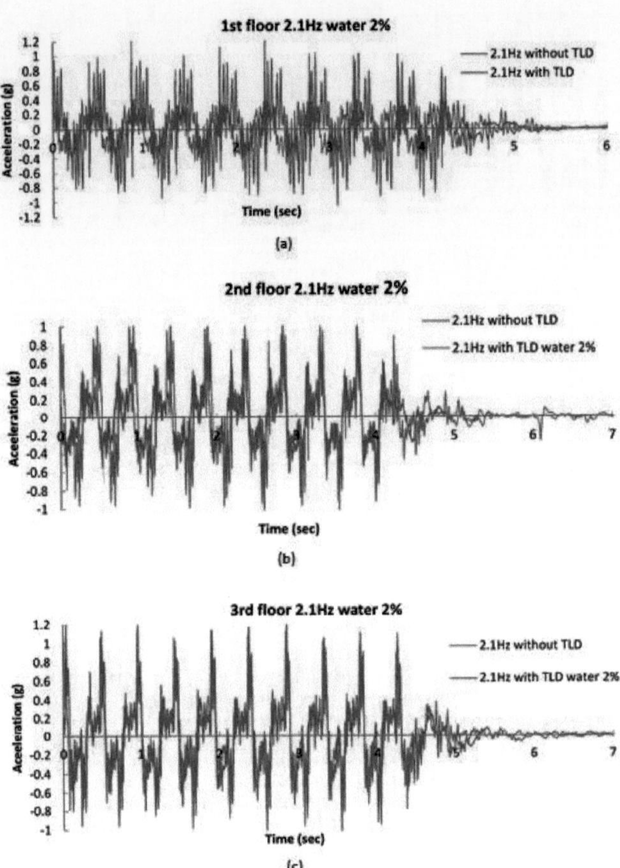

FIGURA 4.15 Efeito de absorção de vibrações no edifício modelo utilizando TLD de μ 2% com água para f_e = 2,1 HZ (a) Gráfico de resposta do 1° piso, (b) Gráfico de resposta do 2° piso, (c) Gráfico de resposta do 3° piso.

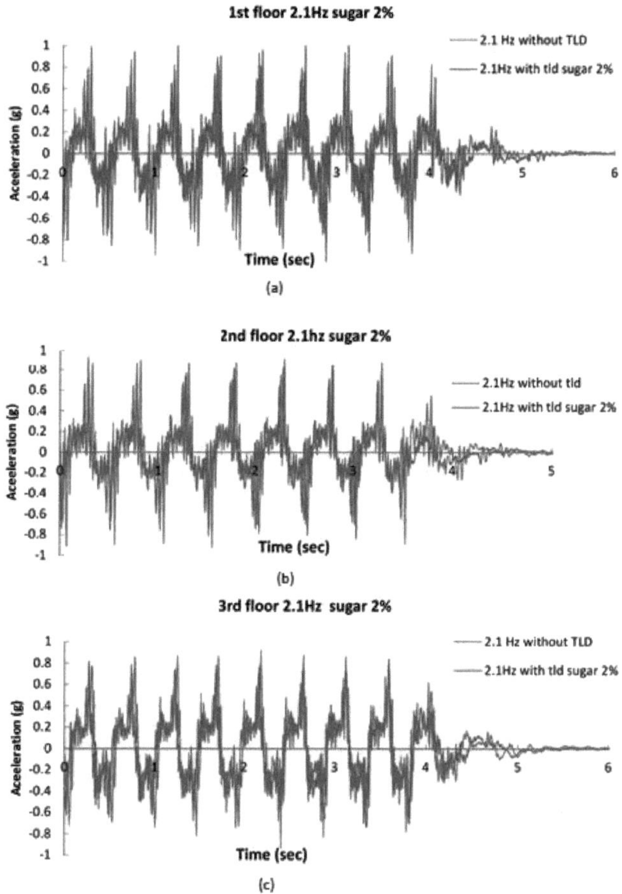

FIGURA 4.16 Efeito de absorção de vibrações no edifício modelo utilizando TLD de μ 2% com açúcar para f_e = 2,1 HZ (a) Gráfico de resposta do 1st piso, (b) Gráfico de resposta do 2nd piso (c) Gráfico de resposta do 3rd piso.

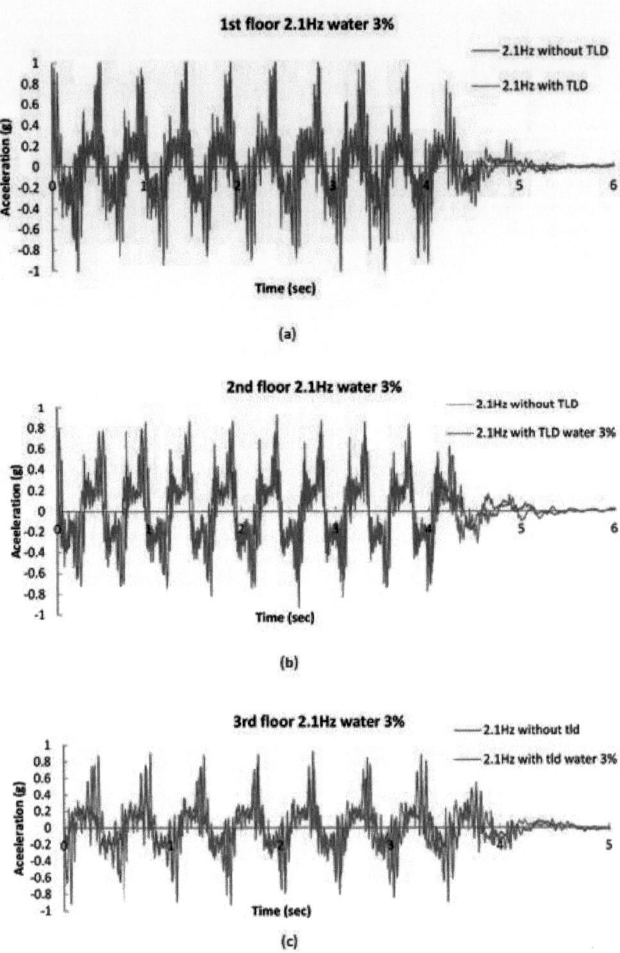

FIGURA 4.17 Efeito de absorção de vibrações no edifício modelo utilizando TLD de µ 3% com água para f_e = 2,1 HZ (a) Gráfico de resposta do 1st piso, (b) Gráfico de resposta do 2nd piso (c) Gráfico de resposta do 3rd piso.

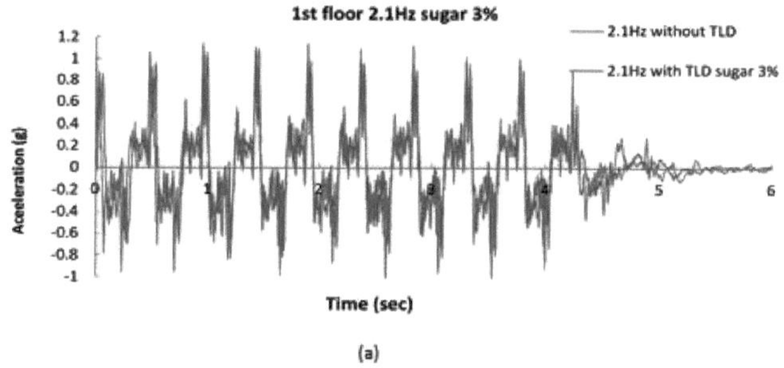

(a)

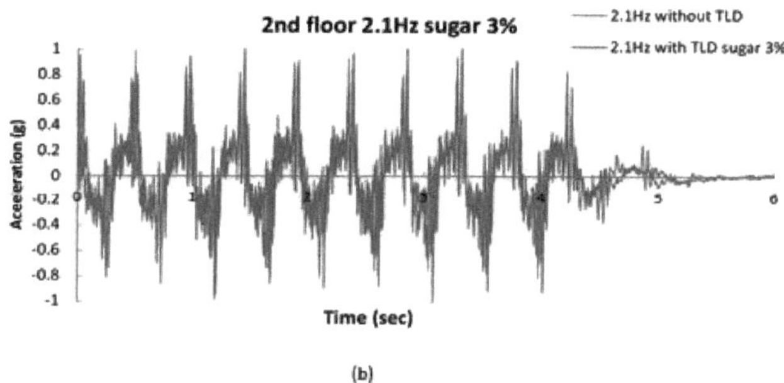

(b)

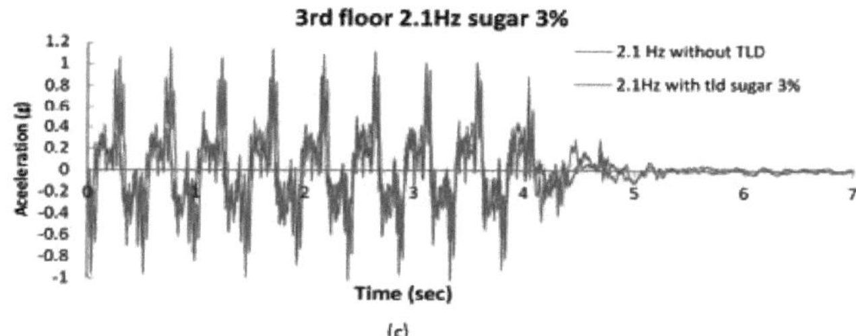

(c)

FIGURA 4.18 Efeito de absorção de vibrações no edifício modelo utilizando TLD de μ 3% com açúcar para f_e = 2,1 HZ (a) Gráfico de resposta do 1st piso, (b) Gráfico de resposta do 2nd piso (c) Gráfico de resposta do 3rd piso.

4.10 RESULTADOS E DISCUSSÕES

4.10.1 RESPOSTA DO MODELO DE EDIFÍCIO COM E SEM TLD NO SISTEMA DE EXCITAÇÃO HARMÓNICA

A resposta em aceleração da estrutura do modelo com e sem amortecedor de líquido sintonizado (TLD) à excitação harmónica da força de vibração foi registada por acelerómetro. A redução percentual da resposta estrutural com e sem TLD foi calculada a partir dos gráficos acima para ambas as condições. Os valores de aceleração registados são apresentados numa tabela.

TABELA 4.4 Valores de aceleração durante a excitação harmónica (f_e=1,9 Hz) água de 2% μ

Sem TLD (2)			Com TLD (água 2% μ) (3)			% de redução (4)		
1° andar	2.o Piso	3° andar	1° andar	2.o Andar	3° andar	1° andar	2° andar	3° andar
0.627	0.7863	0.8956	0.5558	0.643	0.6309	11.35566	18.2246	29.55561
0.6345	0.7903	0.8718	0.5754	0.6618	0.6613	9.314421	16.25965	24.14545

Frequência	1º andar	2º andar	3º andar	1º andar	2º andar	3º andar	1º andar	2º andar	3º andar
	0.6357	0.7902	0.8604	0.56	0.671	0.6812	11.90813	15.08479	20.82752
1,9 Hz	0.6186	0.7442	0.8814	0.5257	0.6525	0.699	15.01778	12.32196	20.69435
	0.6779	0.7794	0.896	0.5858	0.6744	0.6874	13.58607	13.4719	23.28125
		0.7703	0.8318		0.6431	0.6217		16.51305	25.25848
		0.7952			0.6841			13.97133	
		0.7318			0.6618			9.565455	
		0.734			0.5961			18.78747	

TABELA 4.5 Valores de aceleração durante a excitação harmónica ($/_e$=1,9 Hz) Açúcar de 2% μ

Frequência (1)	**Sem TLD (2)**			**Com açúcar TLD 2% μ (3)**			**% de redução (4)**		
	1º andar	2º andar	3º andar	1º andar	2º andar	3º andar	1º andar	2º andar	3º andar
1,9 Hz	0.5628	0.898	0.7566	0.5157	0.6724	0.5499	8.36887	25.12249	27.31959
	0.5916	0.8956	0.7236	0.5039	0.6647	0.535	14.82421	25.7816	26.06412
	0.621	0.8358	0.7509	0.4991	0.6915	0.529	19.62963	17.2649	29.55121
	0.6345	0.8369	0.7409	0.5197	0.6548	0.5498	18.09299	21.75887	25.79295
	0.5818	0.5897	0.7863	0.4646	0.3685		20.14438	37.5106	

TABELA 4.6 Valores de aceleração durante a excitação harmónica ($/_e$=1,9 Hz) Açúcar de 3% μ

Frequência (1)	Sem TLD (2)			Com açúcar TLD (3)		3% μ	% de redução (4)		
	1º andar	2º andar	3ª Piso	1º andar	2º andar	3º andar	1º andar	2º andar	3º andar
	0.7566	0.8932	0.8956	0.6349	0.6623	0.6598	16.08512	25.85087	26.32872
	0.6122	0.9214	0.8887	0.4963	0.5403	0.6812	18.93172	41.36097	23.34871
	0.6179	0.8956	0.8435	0.4582	0.6187	0.6217	25.84561	30.91782	26.2952
1,9 Hz	0.5892	0.8718		0.4784	0.6317		18.80516	27.54072	
	0.6128	0.8231		0.354	0.6387		42.23238	22.40311	
		0.8632			0.6611			23.41288	
		0.896			0.5528			38.30357	
	0.7749	0.8318		0.3503	0.5238		54.79417	37.02813	

TABELA 4.7 Valores de aceleração durante a excitação harmónica ($/_e$=1,9 Hz) água de 3% μ

Frequência (1)	**Sem TLD (2)**			**Com TLD água 3% μ (3)**			**% de redução (4)**		
	1º andar	2º andar	3º andar	1º andar	2º andar	3º andar	1º andar	2º andar	3º andar
	0.5969	0.625	0.7809	0.5366	0.46313	0.5873	10.10219	25.8992	24.79191
	0.5295	0.6175	0.7566	0.3988	0.4944	0.5464	24.68366	19.93522	27.78218
	0.5257	0.5619	0.7236	0.4096	0.4819	0.5641	22.08484	14.23741	22.04256
1,9 Hz	0.61101	0.5808	0.734	0.5104	0.4586	0.5506	16.46618	21.03994	24.98638
	0.4231	0.6313	0.7318	0.392	0.443	0.5241	7.350508	29.82734	28.38207
	0.5058	0.6871	0.7509	0.3305	0.4881	0.5226	34.65797	28.96231	30.40352
	0.621	0.8956	0.7703	0.5234	0.8213	0.5418	15.71659	8.296114	29.66377
	0.54	0.6433	0.76634	0.4096	0.5355	0.5252	24.14815	16.75734	31.46645
			0.7952			0.5385			32.28119

TABELA 4.8 Valores de aceleração durante a excitação harmónica^. =2 Hz) água de 2% μ

Frequência (1)	**Sem TLD (2)**			**Com água TLD 2% μ (3)**			**% de redução (4)**		
	1º andar	2º andar	3º andar	1º andar	2º andar	3º andar	1º andar	2º andar	3º andar
	0.8121	0.6026	0.9303	0.6193	0.4944	0.7617	23.74092	17.95553	18.12319
	0.7256	0.4179	1.0089	0.4021	0.34431	0.7851	44.58379	17.60948	22.18258
2 Hz	0.5864	0.6887	0.9321	0.4345	0.5341	0.6528	25.90382	22.44809	29.9646
	0.5831	0.7538	0.9429	0.6738	0.7262	0.6862	-15.5548	3.661449	27.22452
	0.7187	0.4672	0.9541	0.4237	0.33668	0.7134	41.04633	27.93664	25.22796
	0.6494	0.3814	0.9244	0.543	0.1941	0.5514	16.38435	49.10855	40.3505
		0.4236	0.8962		0.24	0.5638		43.34278	37.08994

TABELA 4.9 Valores de aceleração durante a excitação harmónica ($/_e$=2 Hz) água de 3% μ

Frequência (1)	**Sem TLD (2)**			**Com água TLD 3% μ (3)**			**% de redução (4)**		
	1º andar	2º andar	3º andar	1º andar	2º andar	3º andar	1º andar	2º andar	3º andar
	0.7764	0.8538	0.5482	0.449	0.5876	0.4788	42.16899	31.17826	12.65961
	0.8181	0.8654	0.6887	0.6479	0.6153	0.4659	20.8043	28.89993	32.35081
	0.7645	0.8557	0.5308	0.5242	0.5753	0.4174	31.43231	32.76849	21.36398
2Hz	0.8538		0.9409	0.512		0.4321	40.03279		54.07588
	0.8124		0.5856	0.5999		0.4921	26.15707		15.96653
	0.878		0.3404	0.683		0.07835	22.20957		76.98296

1° andar	2° andar	3° andar	1° andar	2° andar	3° andar	1° andar	2° andar	3° andar
0.7946		0.9076	0.5784		0.528	27.20866		41.82459
0.7297		0.9198	0.5713		0.6757	21.70755		26.53838
0.6887			0.5287			23.23218		

TABELA 4.10 Valores de aceleração durante a excitação harmónica (f_e=2 Hz) açúcar de 2% μ

Frequência (1)	Sem TLD (2)			Com açúcar TLD 2% μ (3)			% de redução (4)		
	1° andar	2° andar	3° andar	1° andar	2° andar	3° andar	1° andar	2° andar	3° andar
	0.7991	0.6337	0.9312	0.6131	0.4852	0.5209	23.27619	23.4338	44.06143
	0.8392	0.7691	0.6512	0.5872	0.5466	0.5228	30.0286	28.92992	19.71744
	0.8697	0.6512	0.6965	0.6916	0.5371	0.3278	20.47833	17.5215	52.93611
2Hz	0.6668	0.7691		0.3332	0.4642		50.02999	39.64374	
	0.8527	0.6512		0.61	0.6834		28.46253	-4.94472	
	0.8578	0.9312		0.58876	0.4034		31.36395	56.67955	
	0.8962	0.8183		0.6361	0.2244		29.02254	72.57729	

TABELA 4.11 Valores de aceleração durante a excitação harmónica (f_e=2 Hz) açúcar de 3% μ

Frequência (1)	Sem TLD (2)			Com açúcar TLD 3% μ (3)			% de redução (4)		
	1° andar	2° andar	3° andar	1° andar	2° andar	3° andar	1° andar	2° andar	3° andar
	0.8735	0.5834	0.7991	0.4979	0.4169	0.4666	42.99943	28.5396	41.60931
	0.8181	0.4179	0.7911	0.6199	0.2058	0.4661	24.22687	50.75377	41.08204
2Hz	0.8124	0.6887	1.0089	0.4718	0.4673	0.8803	41.92516	32.14752	12.74656
	0.8786	0.5864	0.8018	0.51127	0.393	0.4097	41.80856	32.9809	48.90247
	0.716	0.5831	0.8527	0.4743	0.4282	0.4083	33.75698	26.56491	52.11681
	0.8793	0.5494	0.9198	0.6722	0.3689	0.4403	23.55283	32.85402	52.1309
	0.7383	0.5772	0.8183	0.4695	0.3962	0.3575	36.40796	31.35828	56.31187
	0.8016	0.5756	0.946	0.6876	0.4394	0.7012	14.22156	23.66227	25.87738

Frequência (1)	Sem TLD (2)			Com água TLD 2% μ (3)			% de redução (4)		
	1° andar	2° andar	3° andar	1° andar	2° andar	3° andar	1° andar	2° andar	3° andar
	0.9539	1.0211	0.8639	0.7966	0.8156	0.6889	16.4902	20.12536	20.25697
	0.9512	1.11	0.9156	0.7807	0.9453	0.7413	17.92473	14.83784	19.0367
2,1 Hz	0.8853	1.1295	0.929	0.6567	0.9132	0.7308	25.82176	19.15007	21.33477
	1.0081	1.0811		0.774	0.8669		23.2219	19.81315	
	0.8215			0.78			5.051735		
	0.8908			0.7949			10.7656		

TABELA 4.13 Valores de aceleração durante a excitação harmónica(f_e=2,1Hz) água de 3% μ

Frequência (1)	Sem TLD (2)			Com TLD água 3% μ (3)			% de redução (4)		
	1° andar	2° andar	3° andar	1° andar	2° andar	3° andar	1° andar	2° andar	3° andar
	0.7829	0.6232	0.8181	0.6753	0.5819	0.6935	13.74377	6.627086	15.23041
	0.8784	0.689	0.8676	0.8302	0.5425	0.6596	5.48725	21.2627	23.97418
	0.7789	0.815	0.8538	0.7361	0.6988	0.4957	5.494929	14.25767	41.94191
2,1 Hz	0.8908	0.8305	0.8654	0.5663	0.5708	0.5347	36.42793	31.27032	38.21354
	0.7915	0.8183	0.8793	0.3913	0.5118	0.6837	50.56222	37.4557	22.24497
		0.6965	0.81147		0.4121	0.7391		26.47523	8.918383
			0.8509			0.7493			11.9403

TABELA 4.14 Valores de aceleração durante a excitação harmónica (f_e=2,1Hz) açúcar de 2% μ

Frequência (1)	Sem TLD (2)			Com açúcar TLD 2% μ (3)			% de redução (4)		
	1° andar	2° andar	3ª Piso	1.° andar	2.o Piso	3ª Piso	1° andar	2° andar	3° andar
	0.7829	0.8735	0.5937	0.6728	0.6893	0.4511	14.0631	21.08758	24.01886
	0.8682	0.8181	0.6724	0.6829	0.8423	0.526	21.34301	-2.95807	21.77275
	0.8853	0.8538	0.7165	0.6476	0.6973	0.479	26.84966	18.32982	33.14724
	0.956	0.8124	0.9312	0.7439	0.7061	0.45	22.18619	13.08469	51.67526
2,1 Hz	0.8512	0.8786	0.8183	0.7123	0.6732	0.4739	16.31814	23.3781	42.08725
	1.0081	0.8557	0.7194	0.6762	0.6441	0.5698	32.92332	24.72829	20.79511
	1.0024	0.7827		0.6487	0.2766		35.28532	64.66079	
	0.8126			0.7882			3.002707		
				0.6841					

Frequência (1)	Sem TLD (2)			Com açúcar TLD 3% μ (3)			% de redução (4)		
	1º andar	2º andar	3º andar	1º andar	2º andar	3º andar	1º andar	2º andar	3º andar
	0.8484	0.9539	0.8639	0.6386	0.6826	0.5243	24.7289	28.44114	39.31011
	0.8675	0.9512	1.0211	0.5702	0.7725	0.8653	34.27089	18.7868	15.25806
	0.929	0.7829	1.0883	0.7315	0.5055	0.8008	21.25942	35.43237	26.41735
2,1 Hz	0.9657	0.9418	0.929	0.601	0.7919	0.6584	37.76535	15.91633	29.12809
	0.9802	0.8043	0.9657	0.6824	0.384	0.6431	30.38155	52.25662	33.40582
		0.821	0.9802		0.576	0.5681		29.84166	42.04244
		0.8908	0.8302		0.6787	0.3831		23.81006	53.85449
		0.7915			0.362			54.26406	

A comparação das respostas de aceleração estrutural de pico da estrutura com e sem um TLD e a redução percentual para excitação de base sinusoidal são apresentadas na tabela acima. Além disso, foi apresentada a comparação do TLD com diferentes proporções de massa e com diferentes densidades de líquido. E a percentagem média de redução do pilar 4 das tabelas acima, relativamente a cada piso, é apresentada de seguida

TABELA 4.16 1º andar % de redução da aceleração da força de vibração

Frequência	água 2%	açúcar 2%	água 3%	açúcar 3%
1.9	12.24	16.21	19.40	29.45
2	22.68	30.38	28.33	32.36
2.1	16.55	21.50	22.34	29.68

TABELA 4.17 2º andar % de redução da aceleração para vibração de força

Frequência	água 2%	açúcar 2%	água 3%	açúcar 3%
1.9	15.12	25.49	20.62	30.85
	226.01	33.41	30.95	34.00
2.1	18.48	23.19	22.89	32.34

TABELA 4.18 3º piso % de redução da aceleração para a vibração da força

Frequência	água 2%	açúcar 2%	água 3%	açúcar 3%
1.9	23.96	27.18	27.98	25.32
2	28.59	38.90	35.22	40.35
2.1	20.21	32.25	23.21	34.20

A representação gráfica das tabelas acima para cada andar é dada abaixo para uma compreensão clara do efeito de vários parâmetros na % de redução.

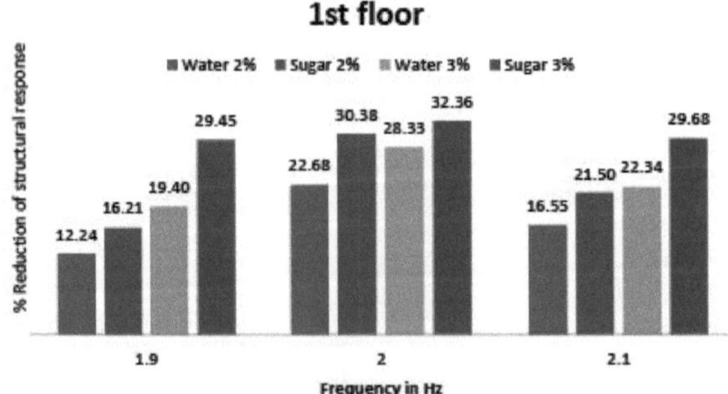

FIGURA 4.19 Redução da reação do 1º andar.

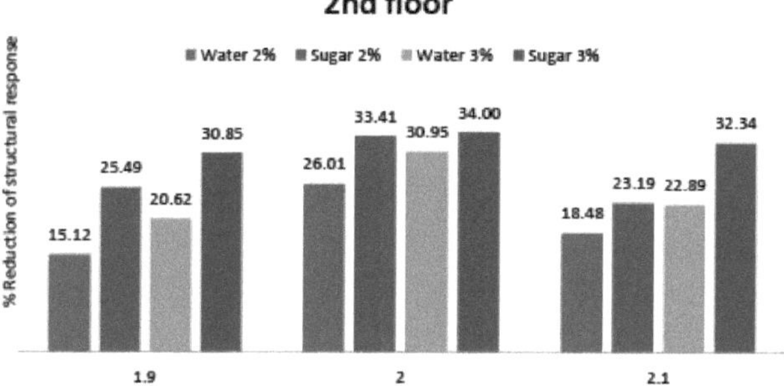

FIGURA 4.20 Reduções de resposta do 2º piso.

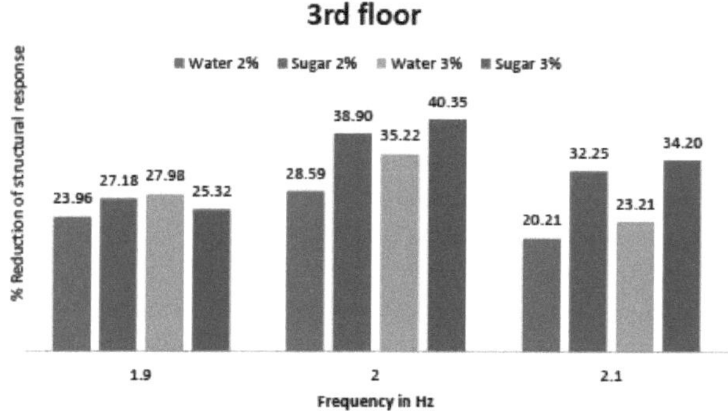

FIGURA 4.21 Reduções de resposta do 3º piso.

4.11 CONCLUSÃO

Neste capítulo, foi investigada experimentalmente a eficácia dos TLDs num modelo de edifício RCC de 3 andares para atenuar a resposta estrutural. Os resultados são resumidos da seguinte forma.

1. É possível obter uma redução significativa da resposta estrutural com um rácio *h/L* adequado.
2. Em geral, sabe-se que o TLD é eficaz em condições sintonizadas, mas mesmo com uma ligeira desafinação o TLD é eficaz para reduzir as respostas estruturais.
3. Verificou-se que a TLD com líquido de densidade variável é mais eficaz do que a TLD com líquido. É mais eficaz em cerca de 24% na atenuação da reação.
4. Ao aumentar o rácio de massa de 2% para 3%, o TLD torna-se mais eficaz na redução da resposta estrutural para ambos os casos.
5. Em toda a gama de frequências, o TLD com água simples e densidade variável causou 29% de redução da resposta do telhado.
6. medida que a frequência aumenta, a altura da onda também aumenta e, consequentemente, o TLD torna-se mais eficaz. Mas, a partir de um determinado intervalo, a altura da onda de sloshing não pode atingir uma altura mais elevada e a redução da resposta mantém-se estável.

CAPÍTULO 5

RESPOSTA DE UMA ESTRUTURA NUA E PREENCHIDA

MOLDURA RC COM TLD

5.1 INTRODUÇÃO

Neste capítulo, o efeito do amortecedor de líquido sintonizado em edifícios com e sem a presença de URM é estudado em pormenor e as suas influências combinadas são observadas. Além disso, de acordo com as revisões bibliográficas efectuadas, não existe nenhum estudo que considere o efeito no enchimento de alvenaria na presença de TLDs. Devido ao período de tempo e recursos estipulados, este estudo foi efectuado utilizando o software disponível SAP2000 V.14 em vez de uma experiência laboratorial.

Tal como referido no Capítulo 1, no projeto convencional de edifícios, os pórticos são elementos de suporte de carga básica e as paredes de corte são elementos de suporte de carga lateral, mas a presença de enchimento de alvenaria não reforçada (URM) é geralmente ignorada. No subcontinente indiano, a construção de edifícios é maioritariamente preenchida com enchimentos de alvenaria de tijolo não reforçada, que geralmente não são considerados na análise estrutural e no dimensionamento, exceto através da fórmula do período e da correção do corte de base, mas a sua influência no comportamento estrutural é significativa, como observado em vários estudos.

A contribuição do enchimento para a rigidez e resistência laterais é significativa e pode mesmo influenciar a dissipação de energia da estrutura. O enchimento é um componente não estrutural.

Existe uma interação entre o pórtico-parede e o enchimento de alvenaria que varia em função da natureza da interface entre eles.

5.2 MODELAÇÃO DE SISTEMAS DE ESTRUTURAS TLD COMO EQUIVALENTES

SISTEMAS TMD-STRUCTURE

O sistema de amortecimento por líquido sintonizado foi modelado como um sistema equivalente de amortecimento por massa sintonizada no SAP2000. Um sistema de estrutura TLD pode ser modelado como um sistema de estrutura TMD equivalente utilizando as seguintes equações.

A equação caraterística do movimento para um sistema de estrutura de um único grau de liberdade com TMD equivalente pode ser escrita como:

$$m\ddot{u} + c\dot{u} + ku = p(t) \tag{5.1}$$

Para o modelo de estrutura TMD, a função forçante p(t) é dada pela Eq. (5.2) (Wakahara *et al*, 1998):

$$p(t) = p_e(t) + p_v(t) \tag{5.2}$$

Onde, $p_e(t)$ é o carregamento externo, vento ou sismo, e $p_v(t)$ é a força do fluido. $p_v(t)$ Pode ser escrito como Eq. (5.3).

$$p_v(t) = -m_v(\ddot{u} + \ddot{u}_v) \tag{5.3}$$

Onde u_v é a aceleração da TMD equivalente e m_v é a massa da TMD equivalente dada por:

$$m_v = \mu_v m_L \qquad (5.4)$$

m_L é a massa do líquido no TLD e μ_v é o rácio de massa. Este rácio pode ser estimado a partir da teoria do fluxo potencial como (*Grahamet. al,* 1952)

$$\mu_v = \frac{8\tanh(\pi\varepsilon)}{(\pi^3\varepsilon)} \qquad (5.5)$$

Onde *ho* é a profundidade da água no tanque e onde ε é a razão da profundidade da água dada por

$$\varepsilon = \frac{h_0}{L} \qquad (5.6)$$

L é o comprimento do reservatório.

A equação de movimento do sistema TMD pode ser dada pela Eq. (5.7)

$$m_v\ddot{u} + c_v\dot{u} + k_v u = -m_v(t) \qquad (5.7)$$

Em que c_v e k_v são o amortecimento e a rigidez do TMD equivalente, dados pela Eq. (5.8) e pela Eq. (5.9)

$$c_v = 2\mu_v m_L \omega_v \xi_v \qquad (5.8)$$

$$k_v = \mu_v m_L \omega_v^2 \qquad (5.9)$$

Onde ω_v é a frequência natural fundamental do movimento de sloshing da água. Para um TLD com a forma de um tanque retangular, de acordo com a teoria linear das ondas de água, esta é dada pela Eq. (5.10) (Reed *et al.,* 1998).

$$\omega_v = \sqrt{\frac{\pi g}{L}\tanh(\pi\varepsilon)} \qquad (5.10)$$

$\xi_{(v)}$ é o rácio de amortecimento para o TMD que pode ser estimado pelaEq.(5.11) (Sun *et al.,* 1995)

$$\xi_v = \frac{1}{2h_0}\sqrt{\frac{v}{\pi f_v}}(1 + \frac{h_0}{B}) \qquad (5.11)$$

Em que v é a viscosidade cinemática do líquido (~ 10 ^{6}m2/s para a água), $f_v = \frac{\omega_v}{2\pi}$ e B é o 2π

Quando as equações 5.1 e 5.7 são combinadas, as equações de movimento para o sistema composto podem ser escritas pela Eq. (5.12).

$$\mathbf{M\ddot{u} + C\dot{u} + Ku = P} \qquad (5.12)$$

Onde,

$$\mathbf{M} = \begin{bmatrix} m & 0 \\ \mu_v m_L & \mu_v m_L \end{bmatrix} \qquad (5.13)$$

$$\mathbf{C} = \begin{bmatrix} 2m\omega_n\xi & -2\mu_v m_L \omega_v \xi_v \\ 0 & 2\mu_v m_L \omega_v \xi_v \end{bmatrix} \qquad (5.14)$$

$$K=\begin{bmatrix} m\omega_n^2 & -\mu_v m_L \omega_v^2 \\ 0 & \mu_v m_L \omega_v^2 \end{bmatrix} \quad (5.16)$$

$$u=\begin{bmatrix} u \\ u_v \end{bmatrix} \quad (5.17)$$

$$P=\begin{bmatrix} p(t) \\ 0 \end{bmatrix} \quad (5.18)$$

5.3 MODELAÇÃO DO ENCHIMENTO DE ALVENARIA NÃO REFORÇADA

O método de análise aproximado da FEMA 356 foi considerado no estudo para modelar os enchimentos. O modelo de escora, tal como definido pela FEMA, foi modelado como barras de compressão. No presente estudo, foram modelados enchimentos com escoras duplas. A espessura das escoras do enchimento foi mantida igual para todos os painéis do edifício.

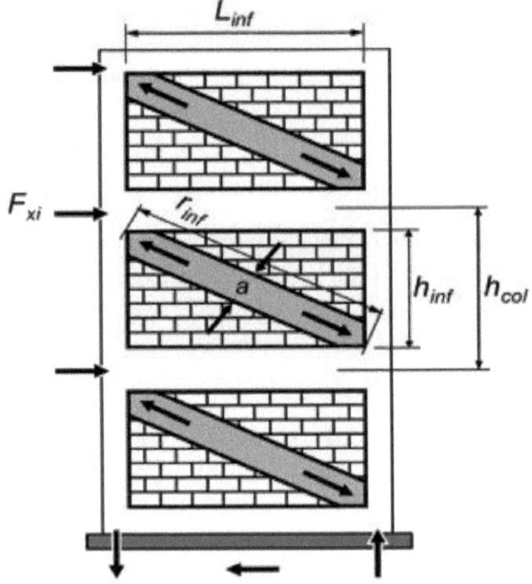

FIGURA 5.2 Analogia da escora de compressão para modelação de enchimento (FEMA 356).

De acordo com a norma FEMA 356, são os seguintes os passos para determinar as propriedades das escoras de enchimento:

1. A escora de compressão diagonal equivalente "a" é dada por
2.
3. $$a = 0.175(\lambda_1 h_{col})^{0.4} r_{inf} \quad (5.19)$$
4. Onde,
5. $$\lambda_1 = \left[\frac{E_{me} t_{inf} \sin 2\theta}{4 E_{fe} I_{col} h_{inf}}\right]^{1/4}$$
6.

h_{col} = altura da coluna em polegadas

$Einf$= Altura do painel de enchimento em polegadas
Ef_e= módulo de elasticidade previsto para o material do pórtico, em ksi
E_{me}= Módulo de elasticidade previsto do material de enchimento em ksi
f_{coZ}= Momento de inércia do pilar
$^r inf$= comprimento da diagonal do painel de enchimento
t_{inf}= Espessura do painel de enchimento e da escora equivalente
Θ = Ângulo cuja tangente é o rácio entre a altura do enchimento e o comprimento, em radianos

7. A escora é um elemento apenas de compressão e a rigidez de compressão é

$$k = \frac{(a \times t_{inf})E_{me}}{L_{inf}} \quad (5.20)$$

8. A resistência ao corte prevista para o enchimento V_{ine} deve ser calculada de acordo com o equação (5.21).

$$Q_{ce}=V_{ine}=A_{ine}f_{vie} \quad (5.21)$$

onde,
A_{ine}= Área da secção líquida argamassada / betumada do painel de enchimento f_{vie}= Resistência ao corte prevista para o painel de enchimento de alvenaria
De acordo com a FEMA 356, as propriedades da alvenaria são apresentadas no Quadro 5.1:

QUADRO 5.1 Propriedades por defeito da alvenaria com limite inferior

Imóveis	Bom	Justo	Pobres
Resistência à compressão	900 psi	600 psi	300 psi
Módulo de elasticidade à compressão	550 *fm*	550/,;	550/,;
Resistência à tração por flexão	20 psi	10 psi	0

O estado da alvenaria pode ser classificado como bom, razoável ou mau, de acordo com a norma FEMA 356.

5.4 MÉTODO DE ANÁLISE ADOPTADO

Para a análise e o projeto de edifícios novos e existentes, existem vários métodos elásticos e inelásticos disponíveis. O método elástico inclui os procedimentos de força lateral estática codificada e os métodos de força lateral dinâmica codificada que utilizam o rácio de capacidade de procura. A análise dinâmica linear inclui a análise linear do historial temporal (LTHA) e a análise do espetro de resposta. Neste trabalho, foi adoptada a análise dinâmica linear para compreender o desempenho dos edifícios na presença de enchimento com TLD.
O sismo de Kocaeli, 1999 Sakarya, 090 (ERD) foi selecionado para efeitos de análise dinâmica. O movimento do solo do sismo foi tornado compatível com o espetro de resposta IS 1893 utilizando o software Kumar (2004). A correspondência é apresentada na figura 5.3.

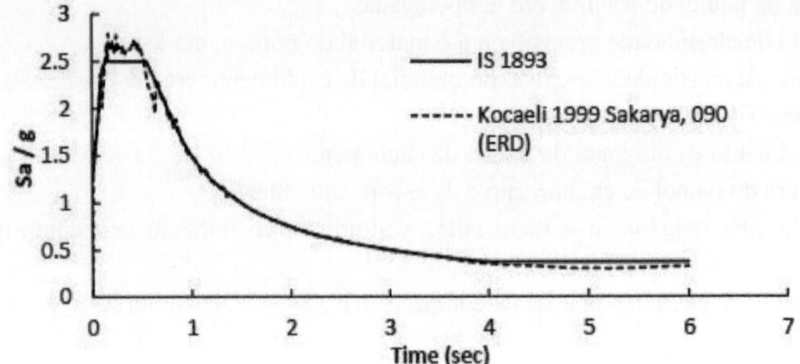

FIGURA 5.3 Espectros combinados do terramoto de Kocaeli.

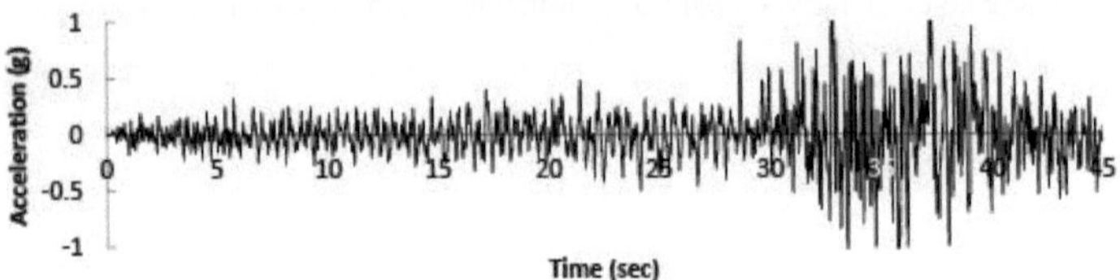

FIGURA 5.4 Geração do SCGM.

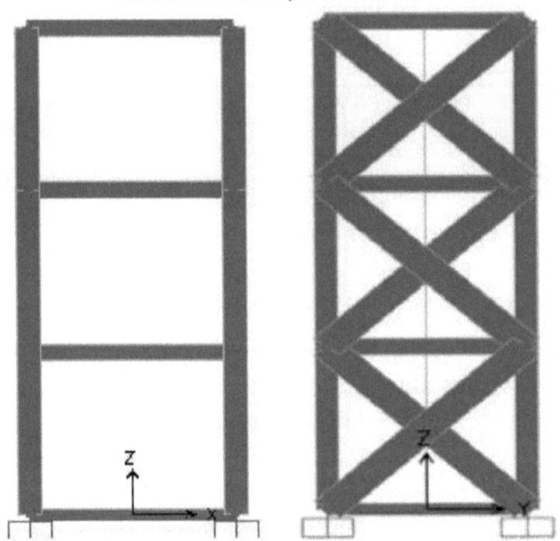

FIGURA 5.5 Alçado do plano do edifício sem e com painéis de enchimento.

5.5 ESTUDOS SOBRE O DESEMPENHO DE EDIFÍCIOS DE RC SEM ENCHIMENTO DE ALVENARIA

No presente estudo, é estudado um modelo tridimensional de um edifício com uma estrutura RC de três pisos e fixado na base, sem e com amortecedores líquidos sintonizados de diferentes rácios de massa 2%, 2,5%, 3,5% e 4%, sujeito ao SCGM gerado pelo sismo de Kocaeli. As dimensões do edifício são as indicadas no Quadro 4.1. O amortecedor de massa sintonizada é modelado com propriedades de mola elástica. A variação da resposta estrutural para vários parâmetros, como o deslocamento da cobertura e os deslocamentos laterais, é apresentada. O modelo de edifício de três andares selecionado na experiência foi utilizado para efeitos de análise computacional sem qualquer escala de elementos e cargas. O peso dos painéis de enchimento já foi considerado nos cálculos de carga, mas o seu efeito não foi considerado neste caso inicial. O desempenho do edifício modelo na presença de TLD como TMD equivalente é estudado sem efeito nos painéis de enchimento de alvenaria. Os resultados são apresentados e discutidos nesta secção.

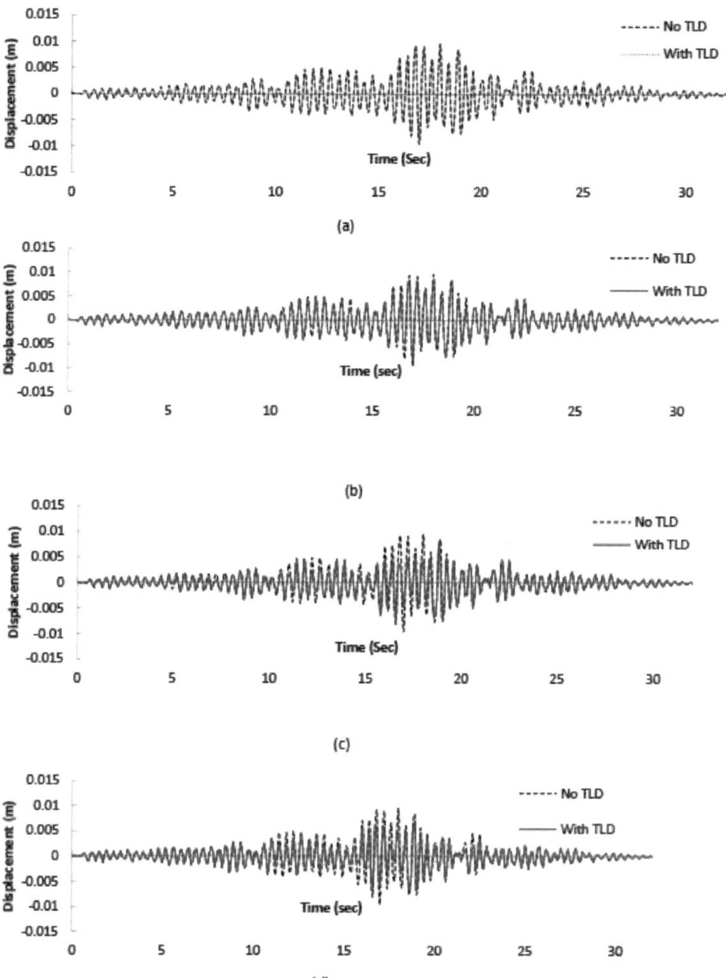

FIGURA 5.6 Historial da resposta em termos de deslocamento para um edifício com estrutura nua com e sem TLD (a) rácio de massa de 4% (b) rácio de massa de 3,5% (c) rácio de massa de 2,5% (d) rácio de massa de 2%. (b) razão de massa de 3,5% (c) razão de massa de 2,5% (d) razão de massa de 2%.

QUADRO 5.2 Redução do pico de deslocação com TLD

MASS RELAÇÃO	DESLOCAMENTO DE PICO DE CONSTRUÇÃO DE ARMAÇÃO SEM RESPOSTA TLD (M)	DESLOCAÇÃO DE PICO DE ESTRUTURA EDIFÍCIO COM TLD (M)	% REDUÇÃO DE PICO DE
2.0%	0.00664 27.90%		
2.5%	0.00921	0.007402	19.65%

3.5%	0.0084	8.79%
4%	0.00873	5.21%

A partir das Figuras 5.6 e da Tabela 5.2, é evidente que, com um rácio de massa de 2,0% a 2,5%, houve uma redução considerável do pico de deslocamento no modelo do edifício. Também pode ser observado que com rácios de massa de 3,5% e 4,0%, houve uma redução muito menor nas respostas do edifício. Observa-se também que há muito menos diferença na redução da resposta com rácios de massa de 3,5% e 4,0%. Assim, o rácio de massa de 2,0% é adotado para estudos futuros neste trabalho.

A Figura 5.7 apresenta um gráfico que mostra a redução do deslocamento lateral com o TLD com uma razão de massa de 2%.

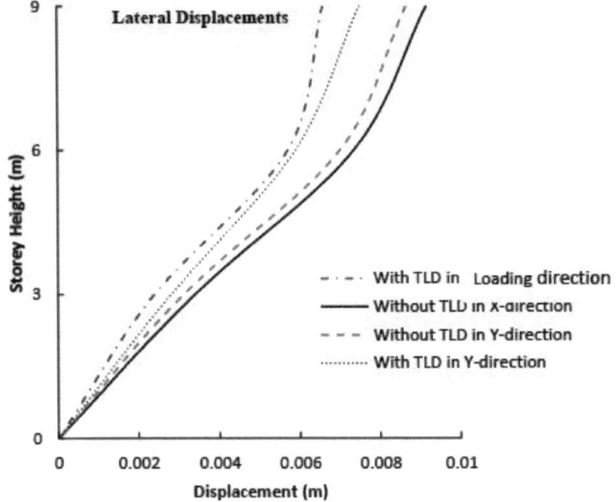

FIGURA 5.7 Deslocamentos laterais na estrutura do edifício com TLD de rácio de massa de 2,0%.

5.6 DESEMPENHO DO EDIFÍCIO RC COM EFEITO DE ENCHIMENTO DE ALVENARIA

Nesta secção foi estudado o modelo de edifício com rácio de massa TLD 2,0% na presença de painéis de enchimento de alvenaria. Aqui, foram observadas as variações na resposta estrutural em termos de deslocamentos, deslocamentos da cobertura e deslocamentos laterais.

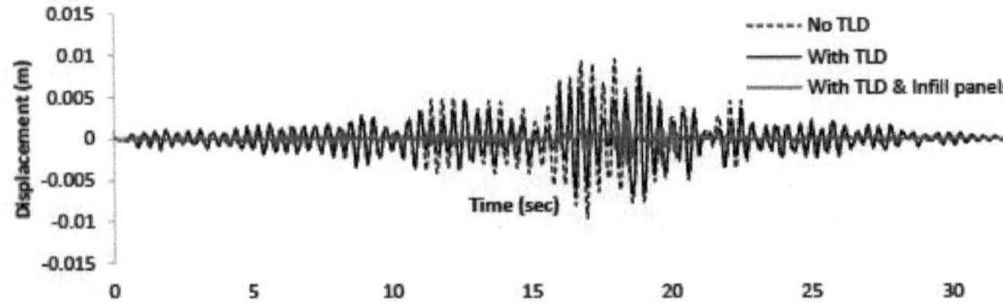

FIGURA 5.8 Respostas de deslocamento para TLD com razão de massa de 2,0%.

QUADRO 5.3 Resposta em deslocamento do edifício com e sem enchimento com TLD de 2% de rácio de massa

PICO DESLOCAMENTO	PICO DESLOCAMENTO	PICO DESLOCAMENTO	% DE REDUÇÃO DA DESLOCAÇÃO	% DE REDUÇÃO DO PICO DE

DO EDIFÍCIO QUADRO SEM TLD	DO EDIFÍCIO QUADRO COM TLD	DO EDIFÍCIO QUADRO COM INFILTRAR COM TLD	MÁXIMA DE CONSTRUÇÃO DE ESTRUTURA COM TLD	DESLOCAÇÃO DA ESTRUTURA DO EDIFÍCIO COM ENCHIMENTO COM TLD
0.00921	0.00664	0.0041	27.90 %	55.4 %

A partir das figuras 5.8 e da tabela 5.3, é evidente que houve uma redução considerável nas respostas do edifício quando modelado e analisado na presença de enchimento de alvenaria não reforçada e TLD em conjunto.

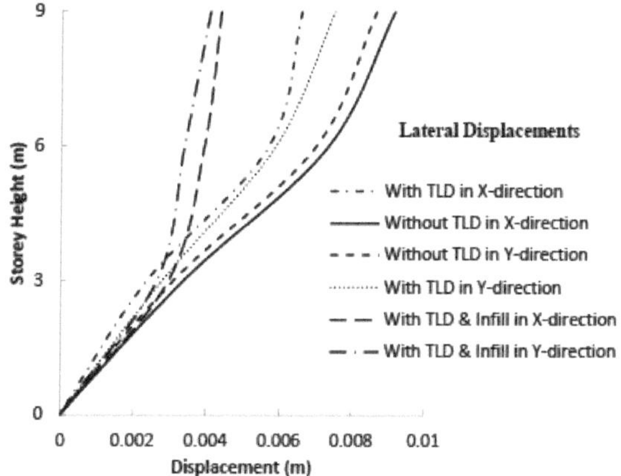

FIGURA 5.9 Comparação com os deslocamentos laterais no edifício com rácio de massa de 2,0% TLD e enchimento.

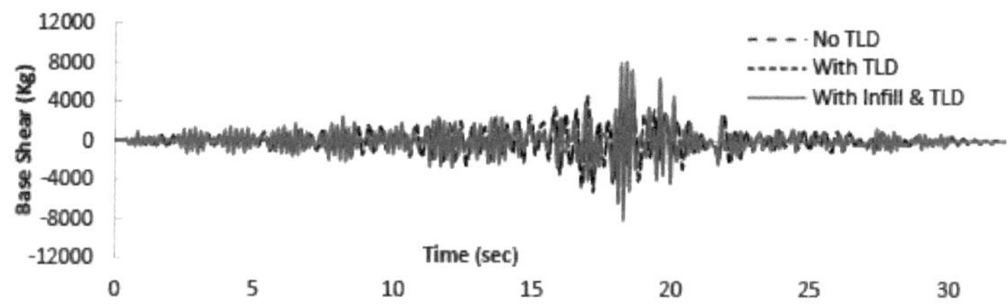

FIGURA 5.10 Cisalhamento da base vs. tempo para uma razão de massa de 2,0%.

Inicialmente, observou-se que existe uma boa redução da resposta quando se considera apenas o efeito do TLD no edifício, mas após a inclusão de painéis de enchimento a redução das respostas do edifício melhorou ainda mais, indicando assim a importância e o efeito do enchimento de alvenaria na análise e projeto de edifícios. A Figura 5.8 apresenta um gráfico das alterações no deslocamento lateral.

Além disso, a partir da Figura 5.10, verifica-se que, após considerar o efeito do enchimento de alvenaria, houve um aumento das forças de corte na base que deve ser considerado durante o projeto do edifício.

5.7 Conclusão

A partir deste capítulo, podem ser tiradas as seguintes conclusões:

1. Considerando a presença de enchimento de alvenaria não reforçada, verificou-se um aumento das forças de corte na base, que é um parâmetro importante no projeto de edifícios.

2. Os edifícios, quando modelados apenas com TLD, registaram uma boa redução da resposta com um rácio de massa de 2,0% e 2,5%. Verificou-se uma redução de cerca de 28% com uma razão de massa de 2,0% e de cerca de 20% com uma razão de massa de 2,5%.
3. Os edifícios quando modelados com o TLD e considerando também o efeito do enchimento de alvenaria, observa-se que a redução da resposta foi muito melhor quando se utilizou uma razão de massa de 2,0%. Foi observada uma redução impressionante no deslocamento máximo de 52%.

CAPÍTULO 6

CONCLUSÕES E ÂMBITO FUTURO

6.1 CONCLUSÃO

Seguem-se as principais conclusões que foram observadas em todo este trabalho:

1. Os líquidos de densidade variável, em vez de água simples, revelaram-se eficazes para que as forças de arrastamento sejam lineares e, por conseguinte, para uma melhor redução da resposta.
2. Os líquidos de densidade variável também são eficazes na condição de ($^{+}$ /) 5 off tuning.
3. Os problemas de batimento em TLDs foram reduzidos com TLDs em forma de V e em forma de U.
4. Os TLD em forma de U revelaram-se os melhores no que respeita a uma maior força de arrastamento, a maiores profundidades de água e, por conseguinte, a uma maior dissipação de energia.
5. Os TLD em forma de W com água e líquido de densidade variável não se revelaram eficazes, pelo que esses TLD devem ser evitados.
6. É possível obter uma redução significativa da reação do edifício com um rácio *h/L* adequado.
7. Em geral, sabe-se que o TLD é eficaz em condições de sintonia, mas mesmo em condições de ligeira desafinação o TLD é eficaz para reduzir as respostas do edifício.
8. Verificou-se que a TLD com líquido de densidade variável é mais eficaz do que a TLD com líquido. É mais eficaz em cerca de 24% na atenuação da reação.
9. Ao aumentar o rácio de massa de 2% para 3%, o TLD torna-se mais eficaz na redução da resposta do edifício em ambos os casos.
10. Em toda a gama de frequências, o TLD com água simples e densidade variável causou 29% de redução da resposta do telhado.
11. Quando os edifícios foram modelados no SAP2000 V.14 com TLD, considerando o efeito do enchimento de alvenaria, observou-se que a redução da resposta foi muito melhor quando se utilizou uma razão de massa de 2,0%.
12. Foi observada uma redução impressionante no deslocamento máximo de 52% na presença de Infill e TLDs.
13. Assim, quando o efeito do TLD e dos painéis de enchimento de alvenaria são considerados no projeto do edifício, podem ser alcançados melhores desempenhos e, portanto, uma melhor resistência aos sismos.

6.2 ÂMBITO DE APLICAÇÃO FUTURA

1. O desempenho do TLD pode ser estudado considerando o Infill no edifício.
2. Todo o estudo se baseia num estudo de revestimento. Um estudo futuro pode ser efectuado tendo em conta o comportamento não linear do modelo do edifício.
3. A equação da frequência do sloshing aqui utilizada baseia-se na teoria das ondas lineares; um estudo pode ser alargado para determinar a frequência do sloshing considerando a não linearidade do movimento do líquido.
4. A eficácia do TLD para reduzir a resposta estrutural pode ser examinada num modelo à escala real.
5. Este estudo pode ser efectuado através da introdução de TLD modificados, como o fundo inclinado, a parede deflectora e os ecrãs, e a eficiência da alteração no modelo TLD pode ser comparada.

REFERÊNCIAS

1. Agarwal, P. e Shrikhande, M. (2008), "**Earthquake Resistant Design of Structures**", *Nova Deli, PHI Learning*.

2. Attari N.K.A. e Rofooe F.R. (2008), "**On lateral response of structures containing a cylindrical liquid tank under the effect of fluid/structure resonances**",*Journal of Sound and Vibration,* 318, pp. 1154-1179

3. Banerji P., Murudi M, Shah A.H. e Popplewell N. (2000), "**Tuned liquid dampers for controlling earthquake response of structures**", *Earthquake Engg. & Struct. Dyn,* 29, pp. 587-602

4. Banerji P., Samanta A., Chavan e Sachin A. (2010), "**Earthquake control of vibration using Tuned liquid Damper**", *International Journal of Advanced Structural Engineering,* Vol. 2, No. 2 Pages 133-152,.

5. Biswal K. C., Bhattacharya S. K. e Sinha P. K., (2003): "**Dynamic characteristics of liquid filled retangular tank with baffles**", *The Institution of Engineers (India),* Vol. 84, p. 145-148

6. Biswal K. C., Bhattacharya S. K. e Sinha P. K., (2003) "**Free vibration analysis of liquid filled tank with baffles**", *Journal of Sound and vibration*, 259 (1),: p. 177-192

7. Buckingham, E. (1914), "**On physically similar systems: illustration of the use of dimensional equations**", Physical Rev., 4, 345-376, *Bureau of Standards, the American Physical Society.*

8. Chopra, Anil K., (2003) "**Dynamics of Structures: Theory and applications to Earthquake engineering**", *Delhi, Pearson Education,*.

9. Fediw A.A., Isyumov N., e Vickery B.J., (1995) "**Performance of a tuned sloshing water damper**," *Journal of Wind Engineering and Industrial Aerodynamics*, 57, pp. 237-247.

10. Gardarsson S., Yeh H., e Reed D., (2001), "**Behavior of Sloped-Bottom Tuned Liquid Dampers**," *Journal of Engineering Mechanics*, Vol. 127, No. 3, pp. 266-271.

11. Ikeda T. & Ibrahim R.A., (2004), "**Nonlinear random responses of a structure parametrically coupled with liquid sloshing in a cylindrical tank**", *Journal of Sound and Vibration,* 284, pp. 75-102

12. IS 456:2000 (2000), "**Indian standard plain and reinforced concrete - code of practice (fourth revision)**", *Bureau of Indian Standards, New Delhi.*

13. Jin Q., Li X., Sun N., Zhou J., & Guan, J., (2007), "**Experimental and numerical study on tuned liquid dampers for controlling earthquake response of jacket offshore platform**", *Marine Structures*, 20, pp. 238-254

14. Kaneko S. e Ishikawa M, "**Modelling of Tuned Liquid Damper with submerged nets**", Journal of Pressure Vessel Technology, Vol. 121 (3), (1999), pp. 334-342.

15. Kareem Ahsan, (1990), "**Reduction of Wind Induced Motion Utilizing a Tuned Sloshing Damper**". *Journal of Wind Engineering and Industrial Aerodynamics*, 36, pp. 725-737.

16. Kim Young-Moon, You Ki-Pyo, Cho Ji-Eun, e Hong Dong-Pyo, (2006), "**The Vibration Performance Experiment of Tuned Liquid Damper and Tuned Liquid Column Damper.**" *Journal of Mechanical Science and Technology*, Vol. 20, No. 6, pp. 795-805.

17. Modi V.J. e Akinturk A., (2002) "**An efficient liquid sloshing damper for control of wind-induced instabilities**," *Journal of wind engineering and industrial aerodynamics*, 90, pp. 1907-1918.

18. Modi V.J., &Munshi S.R., (1998), "**An efficient Liquid Sloshing Damper for Vibration Control**", *Journal of Fluids & Structures*, 12, pp.1055-1071.

19. Modi V.J., e Welt F., (1988), "**Damping of wind induced oscillations through liquid sloshing**". *Journal of Wind Engineering and Industrial Aerodynamics*, 30, pp.85-94.

20. Morcarz, P. e Krawinkler, H. (1981), "**Theory and application of experimental model analysis in earthquake engineering**", Relatório n.º 50, *John Blume Earthquake Engineering Center, Departamento de Engenharia Civil e Ambiental*, Universidade de Stanford.

21. Sabnis, G.M., Harris, H.G., White, R.N. e Mirza, M.S. (1983), "**Structural modelling and experimental techniques**", *Prentice Hall Inc., Engel wood Cliff, New Jersey*
22. Olson D.E. & Reed D.A., (2001), "**A nonlinear numerical model for sloppedbottom Tuned Liquid Dampers**", *Earthquake engineering and structural Dynamics*, 30, pp. 731-743.
23. Reed D. e Olson D.E., (2001), "**A nonlinear numerical model for sloped- bottom Tuned Liquid Damper**", *Earthquake engineering and structural dynamics,* 30, pp. 731-743.
24. Reed D., Yu J., Yeh H & Gardarsson S., (1998), "**Investigation of Tuned Liquid Dampers under Large Amplitude excitation**", *Journal of Engineering Mechanics*, Vol.124, No.4, pp. 405-413.
25. Reed D., Yu J., Yeh H & Gardarsson S., (1998), "**Tuned Liquid Dampers under large amplitude excitation**", *Journal of Wind Engineering and Industrial Aerodynamics"* 74-76, pp. 923-930.
26. Sun, L.M., Fujino, Y., Chaiseri, P., Pacheco, B.M., (1995), "**Properties of tuned liquid dampers using a TMD analogy**", *Earthquake Engineering and Structural Dynamics*, 24 (7), pp. 967-976 .
27. Sun L.M., Fujino Y., Pacheco B.M., e Chaiseri P., (1992), "**Modeling of Tuned Liquid Damper (TLD).**" *Journal of Wind Engineering and Industrial Aerodynamics*, 41-44, pp. 1883-1894.
28. Tait M.J., (2008), "**Modelação e conceção preliminar de um sistema estrutura-TLD**", *Engineering Structures*, 30, pp. 2644-2655
29. Tait M.J., Damatty A.A. El, Isyumov N., e Siddique M.R., (2005), "**Numerical flow models to simulate tuned liquid dampers (TLD) with slat screens**," *Journal of Fluids and Structures*, 20, pp. 1007-1023.
30. Tait M.J., Isyumov N. e DamattyA.A.El., (2007), "**Effectiveness of a 2D TLD and Its Numerical Modeling**", *Journal of Structural Engineering*, Vol. 133, No. 2, pp. 251-263
31. Tamura Y., Fujii K., Ohtsuki T., Wakahara T., e Kohsaka R., (1995), "**Effectiveness of tuned liquid dampers under wind excitation**," *Engineering Structures*, Vol. 17, No. 9, pp. 609-621.
32. Wakahara T., Ohyama T., e Fujii K., (1992), "**Suppression of Wind- Induced Vibration of a Tall Building using Tuned Liquid Damper.**" *Journal of Wind Engineering and Industrial Aerodynamics,* 41-44, pp. 18951906.
33. Yamamoto K. & Kawahara M., (1999), "**Structural Oscillation Control using Tuned Liquid Damper**", *Computers and Structures*, 71, pp. 435-446.
34. Yu J.K, Wakahara T. & Reed D.A., (1999), "**A non-linear Numerical Model of the Tuned Liquid Damper**" *Earthquake Engineering and Structural Dynamics*" 28, pp. 671-686.

Printed by Books on Demand GmbH, Norderstedt / Germany